嘉兴新型职业农民培训系列教材

嘉兴农业立体种养实用技术

贺伟强　主编

中国农业大学出版社
·北京·

图书在版编目(CIP)数据

嘉兴农业立体种养实用技术/贺伟强主编.—北京:中国农业大学出版社,2018.1

ISBN 978-7-5655-1961-1

Ⅰ.①嘉… Ⅱ.①贺… Ⅲ.①立体栽培-农业技术 Ⅳ.①S318

中国版本图书馆 CIP 数据核字(2017)第 318260 号

书　　名 嘉兴农业立体种养实用技术
作　　者 贺伟强　主编

策划编辑	梁爱荣	**责任编辑**	王艳欣
封面设计	郑　川		
出版发行	中国农业大学出版社		
社　　址	北京市海淀区圆明园西路 2 号	**邮政编码**	100193
电　　话	发行部 010-62818525,8625	**读者服务部**	010-62732336
	编辑部 010-62732617,2618	**出　版　部**	010-62733440
网　　址	http://www.caupress.cn	**E-mail**	cbsszs@cau.edu.cn
经　　销	新华书店		
印　　刷	涿州市星河印刷有限公司		
版　　次	2018 年 3 月第 1 版　　2018 年 3 月第 1 次印刷		
规　　格	850×1 168　　32 开本　　5.5 印张　　140 千字		
定　　价	16.00 元		

编写人员

主　　编　贺伟强(嘉兴职业技术学院)

副 主 编　向天勇(嘉兴职业技术学院)

陈　凌(嘉兴职业技术学院)

参编人员　吴海洪(嘉兴职业技术学院)

杨艳玲(商丘职业技术学院)

张作法(浙江省农业科学院)

禹海杰(嘉兴职业技术学院)

内容简介

本书是一本针对现代新型农民，提高农民科技素质，加快农业新技术的推广使用，促进农业发展、农民增收的实用培训教材。该教材主要是针对嘉兴地区的农业种植结构、特点及现代农业发展现状而编写的，涵盖了桑园、稻田、藕田、葡萄园、梨园、猕猴桃园、桃园、池塘和其他相关的立体种养模式。教材中所选的立体种养模式取之于实际农业生产，具有较强的可操作性和可行性。

该教材所列的技术简明扼要，通俗易懂，具有很强的针对性、实用性，既可作为农民学院的培训教材，也对新型职业农民、农民专业合作社及现代农业专业化服务发展具有很好的指导作用。

序

新型职业农民培育是事关“三农”发展的重大战略性问题，也是事关农业现代化的方向性问题。作为传统农业大市和统筹城乡先行地的嘉兴，近年来一直把培育新型职业农民作为重点工作来抓，依托农民院校和农广校为主平台，采取适应成人学习和农业生产规律的“分段式、重实训、参与式”培育方式，大力推行农民田间学校、送教下乡模式，逐步推进从“办班”到“育人”的转变。自2014年市农民学院成立以来，以“整合资源、创新机制、提高效益、构建平台”为原则，以培养农村实用人才、新型职业农民以及农村创业创新人才为重点，开设包含粮食生产技术、农产品电子商务、花卉苗木、果树种植技术等培训班，形成了“专家授课、学员交流、基地学习、考核评价”的培训模式，培养了近两千名的中高级农村实用人才，为推进农业转型发展和社会主义新农村建设注入了新活力，提供了新动能。

“十三五”时期，是全面建成小康社会的决胜期，也是传统农业向现代农业转化的关键时期，大量先进农业科学技术、高效率农业设施装备、现代化经营管理理念越来越多地被引入农业生产的各个领域，迫切需要加快构建职业农民队伍，形成一支高素质农业生产经营者队伍。培育新型职业农民需要有效的教育培训制度，不断提高教育培训的专业化、精准化、标准化水平，而教材建设是一项非常重要的基础性工作。这次市农民学院组织专家编写本乡本土的新型职业农民培训教材，在选题、内容、形式等方面进行了不同程度的探索，形成了第一批系列精品教材，为构建特色鲜明、内容全面、务实管用的区域教材体系开了一个好头。概括起来有三方面特点：一是选题准，实现与现代农业发展要求和农民需求对接，有利于新型职业农民综合素质、生产水平和经营能力全面提升；二是内容翔实，围绕嘉兴市主导产业全过程梳理，贴近农民生产生活实际；三是形式新，实现与农民学习特点和习惯对接，图文并茂、通俗易懂。

农业是国民经济的基础，农业现代化是国家现代化的重要组成部分，在大众创业、万众创新的时代潮流中，作为现代农业核心主体的新型职业农民必将大有可为。新形势意味着新任务，新阶段意味着新起点，各级各部门要坚持“政府主导、农民主体、需求导向、综合配套”的原则，把培育新型职业农民作为重要职责，放在突出位置，采取更加有力的措施推动各项工作落实到位。希冀农民学院以系列教材的编写为契机，进一步规范职业教学，提升培养质量，更好地满足新型职业农民多层次、多形式、广覆盖、经常性、制度化的教育培训需求，把新型职业农民培育打造成民心工程、德政工程，使农民学院真正成为农民终身学习的平台、创业创新的摇篮，为农业现代化建设提供有力支撑。

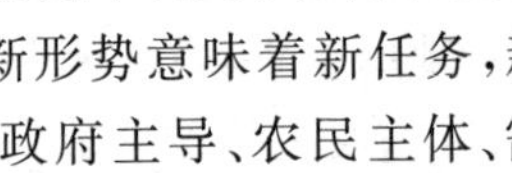

2016.10

前　言

农业立体种养技术是将种植业、畜牧业与加工业有机联系起来，在一定生产单元内建立多种生物共处、多层次配置、多级质能转化，较好地利用时间与空间，光、热、水、气和土肥资源，以及社会经济技术条件，进行种、养相结合的一种高产、高效益的集约持续的农业生产方式或生产体系。嘉兴的立体农业近年来逐步兴起，它是利用现代农业技术成果，在继承和发展传统农业精华的基础上发展起来的。

嘉兴自古就有“丝绸之府”的美誉，栽桑养蚕具有悠久的历史和深厚的基础。目前嘉兴地区拥有浙江省最大的桑树种植面积，蚕农通过桑园养鸡、桑园套种竹荪、桑园套种蔬菜、桑园套种生姜和桑园套种大球盖菇等立体种养模式来拓宽桑园的产业链，提高经济收入。

水稻是嘉兴种植面积最大的农作物，目前嘉兴农民在稻田中养殖鱼、螃蟹、河虾、青蛙和水蛭等水产品，这是一种将种植业与养殖业有机结合的立体种养模式，是发展生态农业、提高稻田综合效益的一项重要的技术措施。其中稻田养鱼是最典型、最常见的农业立体种养模式，在我国已经有 1 700 多年的历史。近几年来，由于市场经济的刺激，水产养殖科技工作者的勇敢探索，将各种水产养殖生物的池塘养殖技术移植到稻田中，并加以适当改革，极大地丰富了传统稻田养鱼的理论和内涵，稻田种养模式不断拓宽，稻田种养的面积和规模不断扩大，逐步形成了稻田养鱼、稻田养鸭、稻田养黄鳝、稻田养蟹、稻田养小龙虾、稻田养水蛭，藕田养泥鳅、藕田养青蛙、藕田养河蟹、藕田养黑鱼、藕田养甲鱼，以及南湖菱塘养甲鱼、茭白田养泥鳅和茭白田养小龙虾等农业立体种养模式。

近年来，随着农村种植结构的调整，嘉兴逐渐形成了以葡萄、水蜜桃和黄桃为主，梨和猕猴桃为辅的水果种植结构。果农充分利用葡萄园等果园的时间、空间和环境条件，引入适应果园环境并能与葡萄等水果生长相互促进的动物、植物及食用菌类，发展诸如葡萄园套种番茄、葡萄园内种植食用菌、梨园间作荠菜、梨园套种香菇、梨园养鹅园套养蚯蚓和桃园养鸡等立体种养模式。这些立体种养模式都能够通过合理利用时间、空间不同程度提高葡萄等水果种植的综合效益，同时改善果园土壤环境，培肥地力，促进果园经营的多元化，实现生态与效益的最大化。

由于编者知识水平有限，加之编写时间仓促，书中不妥之处难免，还望读者批评指正。

编　者

2018 年 1 月

目　　录

第一章

桑园立体种养模式与实用技术

第一节　桑园养鸡技术

桑园立体种养模式与实用技术彩图

嘉兴栽桑养蚕历史悠久，目前嘉兴市桑树种植面积居浙江省地级市首位。但是，随着嘉兴民营经济的快速发展，栽桑养蚕的经济效益日趋下降。目前，农民养蚕的积极性不高，从而造成大量的桑园闲置。

为了提高蚕桑生产的综合经济效益和竞争力，以嘉兴市秀洲区王店镇为代表，近年来大力发展桑园养鸡，取得了较好的经济效益、社会效益和生态效益。

桑园养鸡（图 1-1）严格按照无公害要求饲养，所喂饲料中不含任何激素，养殖地绿树成荫，空气新鲜，环境优美，远离工厂，周边没有任何污染源，让鸡完全在自然条件下生长。桑园鸡肉色鲜红，肌纤维结实，味道鲜美，深受广大消费者的喜爱。

图 1-1　桑园养鸡

一、放养鸡品种选择

桑园放养鸡的品种应该选羽毛紧凑、皮薄骨细、肌肉丰满、肉质鲜美、抗病能力强、健康无病、体型中小型的有色羽毛的慢羽型地方良种。王店三园鸡(图 1-2)是浙江省嘉兴市秀洲区王店镇所

图 1-2　王店三园鸡

(来源:百度百科)

产的肉鸡品种，中国国家地理标志产品。三园鸡具有耐粗饲、抗病能力强的特点，因此非常适合利用桑园、果园和庭园进行长日龄放养。目前，在王店养殖最广泛的就是利用桑园养殖模式。

二、桑园选择

养殖场地应该选择地势高燥，避风向阳，环境僻静，饮水便捷，交通方便，无化学污染、鼠害的桑园，桑园土壤要具有较好的透气性和透水性，以利于土壤微生物的生长与繁殖，利于杂草的生长。养殖密度一般控制在 200～300 羽/亩(1 亩≈666.67 m^2)，以保证鸡群觅食和充足的活动空间。为防止散养鸡的丢失，应选用尼龙绳或者铁制围网将桑园围好，使鸡在规划好的桑园内活动，同时不受园外的异常干扰，并预留好鸡进出鸡舍的合理通道，便于放养管理。

三、鸡舍建造

鸡舍面积根据养殖规模而定，建设鸡舍不仅为鸡夜晚栖息和母鸡下蛋提供场所，同时在恶劣天气譬如狂风暴雨、高温酷暑天气时为鸡提供庇护场所，以免造成鸡的伤亡。

(一)鸡舍选址

在鸡舍建造中，鸡舍的选址非常重要，视桑园规模的大小，散养鸡舍应该建造在桑园的中心位置，以便鸡觅食以及活动。鸡舍应该坐北朝南，冬暖夏凉，应保证通风。

(二)鸡舍设计

1. 鸡舍内地面高度

桑园鸡舍(图 1-3)应高出舍外地面 30 cm 为宜，否则，鸡舍地面和垫料容易潮湿，导致鸡群疾病的发生，另外，遇到大雨，雨水会倒灌鸡舍。

图 1-3　桑园鸡舍

2. 鸡舍卷帘塑料窗

南、北向，下部的卷帘以深色为宜，上部以透明为宜，且上部透明部分占窗户总面积不超过 1/3。上下卷帘的下部应加防风吹鼓起的设施，以利于保温和防止贼风进入。鸡舍东、西墙应设窗，以利于夏季通风降温。

3. 鸡舍屋顶

应加盖稻草，用于隔热和保温。

4. 其他

鸡舍供人进出的大门应牢固并可上锁。大门、窗户上方做屋檐防止雨水飘入。

四、土鸡饲养

(一)养殖季节

鸡的饲养必须选择合适的育雏季节，以利于鸡的放牧饲养。按照嘉兴地区的气候特点，一般选择 3～5 月份育雏，因为这段时间气温由低到高，光照充足，有利于鸡的生长发育，有利于雏鸡成活率的提高。雏鸡经过 30 d 的育雏后，即可放到桑园内放养。

(二)养殖方式

鸡的放养训练是饲养中的关键环节，雏鸡改为桑园放养后，要有目的地训练鸡的条件反射，经过一定时间的训练，雏鸡听到人的声音就能回来吃饲料饮水。经过 4～6 周训练后，鸡形成了条件反射，捕食能力和自我保护能力大大增强，就可以在桑园里自然生态放养，让鸡在开阔的桑园内自由自在地捕捉昆虫，寻觅草籽，啄食嫩草。

(三)疫病防治

鸡的生长期以放养为主，大部分在野外活动，生长期相对较长，一般需要 4～5 个月，随时都有可能传染各种疾病，因此，必须做好鸡的免疫接种工作。鸡疫病的防治应遵循“预防为主，防重于治”的原则，出雏后的第一天就要接种鸡马立克氏病疫苗。同时，要在兽医的指导下，做好鸡新城疫、鸡支气管炎、禽流感、禽霍乱、鸡痘和法氏囊病的防疫工作。此外，在养殖过程中还要及时做好其他疾病的防控和治疗，以保障鸡的健康成长。

(四)饲料与营养

1. 育雏鸡（0～6 周龄）

出壳 12～24 h 内，放入育雏室 1～2 h 后进行开水，水中加 0.05% 高锰酸钾促排胎粪，保证每只鸡喝到水。开水 0.5～1 h 后开食，用湿雏鸡料，保证每只鸡吃半饱。头 3 d 在开食盘或垫纸上饲喂，1 周后改用食槽或料桶饲喂。7 日龄前每天喂 8～10 次，8～14 日龄喂 5 次，14 日龄后喂 4 次。饲料以配合饲料为主，粗蛋白含量 19%～21%，代谢能 11.30～12.30 MJ/kg。

2. 生长鸡(6～20 周龄)

饲料：天然饲料与配合饲料相结合。天然饲料：谷物、虫子、野草、瓜果、树叶等；配合饲料：粗蛋白含量 16%～18.5%，代谢能

12.15～13.55 MJ/kg。同时要供应充足的清洁饮水。公鸡阉割日龄为50～60日龄，阉割后5 d内喂配合饲料，添喂20%～30%的粉碎玉米。30～60日龄，日喂3～4次大鸡前期配合料，同时添喂10%～40%天然饲料，添加比例随日龄逐步增加；60日龄以上，早晚各喂一次大鸡配合料，同时添喂40%～90%天然饲料，比例随日龄增加，自由采食。公鸡140～150日龄出栏，母鸡120～140日龄出栏，阉鸡160～189日龄出栏。

五、桑园养鸡效益分析

（一）生态效益

近年来，因工厂化畜禽养殖中存在的诸如“禽流感、兽药残留、苏丹红、人造鸡蛋”等问题造成了消费者对食品质量与安全的恐慌。绿色、环保和健康的观念随之进入到普通老百姓的心中。消费者希望吃到健康绿色的食品。而桑园鸡以生态化散养为主，散养鸡因为运动量大，抵抗力强，患病概率小，加上经常与土壤接触，以桑叶、杂草、昆虫和草籽作为饲料来源，因此属于绿色无公害食品。与此同时，鸡粪可以堆肥来繁殖蚯蚓、蝇蛆，得到的蝇蛆和蚯蚓可以用来喂鸡，不仅提高鸡的品质，还降低了成本。

（二）经济效益

从饲养成本上来看，桑园散养鸡的成本主要包括鸡苗成本、饲料成本及防疫成本。以一亩桑园散养300只鸡为例，一只鸡苗按3元计算，300只鸡的成本是300只×3元/只＝900元。一只鸡养4个月需要消耗的饲养成本12～14元，300只消耗的饲料成本为300只×14元/只＝4 200元。总投资900元＋4 200元＝5 100元。饲养4个月即可出栏，一只鸡最低可达1.25 kg，成活率按照90%计算，市场价按50元/kg计算，收益为300只×0.9×1.25 kg/只×50元/kg＝16 875元，除去鸡苗和饲料成本

5 100 元，一亩桑园散养鸡一年的利润在万元以上，能充分发挥农村闲置桑园在新农村经济建设中的作用，具有一定的推广利用价值。

第二节　桑园套种桑枝竹荪技术

桑树属于多年生落叶木本植物，喜高温多湿环境，生长最适温度 22～30℃，当气温上升到 11℃以上时开始萌发新芽，低于 13℃时，开始落叶休眠。在我国，大多数地区在每年的 3 月上中旬始发芽，11 月中下旬落叶休眠，4～9 月份是旺盛生长期，此时枝繁叶茂，是良好的天然荫蔽体。竹荪属好氧菌，要求生长环境空气新鲜，不喜光照，宜生长在郁蔽度达 90%左右的阴湿地方，对土壤或培养料要求偏酸(pH 4.6～6.0)，属中温型菌类，菌丝生长的温度为 8～30℃，适宜温度为 15～28℃，子实体形成在 16～25℃之间，最适为 22℃。在适温范围内，子实体的生长速度随温度的升高而加快。由于桑树和竹荪生长的温度较为接近，且桑树自然旺盛生长时期形成的小环境也十分适宜竹荪的生长习性。以未腐熟的桑枝屑为主基料(简称生料)，且不影响养蚕用叶的前提下，在郁蔽度较高的叶用桑园中套种竹荪(图 1-4)，使种桑养蚕与种菇相结合，有效地利用蚕桑废弃物和土地资源，降低生产成本，提高桑园单位面积产出率，实现经济效益、社会效益和生态效益三赢。

一、原料准备

(一)桑枝粉碎

使用树枝粉碎机将桑枝直接粉碎成桑枝屑，一般在播种前 10～20 d 完成。

图 1-4　桑园套种桑枝竹荪

(二)培养基配方组成(质量百分比)

桑枝屑(晒干后)72%,谷壳 16%,枯饼 4.7%,复合肥 1.8%,石膏粉 5%,磷酸二氢钾 0.3%,硫酸镁 0.2%。

(三)原料处理

桑枝粉碎后及时曝晒 2～3 d。播种前 3～5 d,将之与谷壳或花生壳、枯饼等原料按比例混合在一起,再按 100 kg 料加入 0.5%～1.0%的新鲜石灰水泼进料中,边泼边搅拌,以全面湿润为度,用塑料薄膜密闭,时间应保持在 1 d 以上。

二、桑园畦床整理

播种前 5～7 d 清理桑园地面残物或杂草,翻土晒白。若为行距≤130 cm 的密植桑园,翻土要间行进行。然后以桑株为中心做宽×高为 80 cm×25 cm 的畦床,畦床呈龟背形。桑树行中间为采叶作业道,间距应≥80 cm。整地土块不可太碎,以利于通气。

三、菌种选购

品种选用高温型棘托长裙竹荪，其子实体生长发育期为每年夏季6～9月间。菌种方面，应选菌丝布满了菌棒，菌丝洁白，棒体内无杂菌感染或无明显黄污水渍，生长势强旺的菌种。

四、适时、合理播种

竹荪栽培一般分春、秋两季。我国南北气温不同，具体掌握两点：一是播种期气温不超过28℃，适于菌丝生长发育；二是播种后2～3个月菌蕾发育期，气温不低于10℃，使菌蕾健康生长成子实体。浙江省嘉兴地区通常为春播，即“惊蛰”后3～5 d内下料播种。具体方法步骤如下：

（一）铺料

铺生料时要注重散热、散味工作。若料堆烫手且散发异味，则要扒动让热气和异味散发后才可下到畦床上；如果培养料偏干要适当补水，以含水量60%左右为宜（实践过程中以手紧抓生料松开时不松散为宜），调节pH至6.0～7.0。铺料选择阴天或多云天气进行，先将畦面土层扒开3～5 cm，土向畦两侧推，留作覆土用；再将预备好的培养料堆在畦床上，规格为宽70～75 cm、高20～25 cm。

（二）播种

在铺好的畦床培养料上开播种沟，即用三角耙从培养料中间开挖小沟，呈三角形状并播入菌种。播种时将菌种沿纵向掰成两块菌种块，再将每块菌种块掰成2片，每片菌种块距离20 cm为1穴。1 m^2 用种量4～6袋（棒）。播完菌种将培养料覆盖压实，使料面呈正三角形或龟背形状。

(三)覆土整畦

培养料底部两侧覆土厚度约 30 cm，培养料顶部覆土厚度6～10 cm，整个覆土面呈龟背形。

(四)覆盖稻草

覆盖畦床的稻草，提前 10～15 d 用水浸湿堆置发酵。铺盖时把稻草抖乱、均匀覆盖整个畦面，一亩干稻草用量约 500 kg。播种后畦沟和场地四周撒石灰或其他农药杀虫。

五、菌丝生长管理与春蚕桑树管理

播种初期正是江南地区的早春期，常有早春霜冻、雨、涝或旱等极端天气出现，气温常处于 10℃上下。此阶段采用薄膜罩盖畦床，既可保温又能防大雨致培养料过湿，可助菌丝良好生长，但每 2 d 要进行一次 30～40 min 的通风换气。要特别重视水分管理，为便于浇水，有条件的可在园内安装微喷灌设施。覆土料发白表示偏干，要及时浇水补湿，每次浇水量以手捏表土下 6～7 cm 处土能结成土团但又不渗出水滴为宜。浇水时，要防水滴将覆土料冲成孔洞。播种后正常温度下经 30 d 左右，菌丝爬上料面。此阶段是菌丝生长期，也是春蚕前桑树农药治虫的关键期限，因从菌丝出现到发菇期还有很长一段时间，所以此时桑树治虫无禁忌，但要防止在操作中踩踏菌丝畦床。菌丝出现到分化出菌球(鹌鹑蛋大小)约需 45 d，此时是菌蕾分化期，也是春蚕大量用叶期，为兼顾采叶与遮阴两不误，春蚕饲养量按最大产叶量的 85％～90％进行，在正常留叶养树的基础上再增加 10％的叶片遮阳。桑叶采摘小蚕期尽量不采种有竹荪的桑树株，大蚕采叶实行三次采摘法，一棵桑树正常情况下是一步到位将可采的桑叶全采下，而三次采摘法就是将一棵桑树上的可采叶分成三次采，每次都是由下往上采，使树枝上始终留有一定数量的叶片，形成一个阴棚遮挡直射阳光。

六、出菇管理与夏秋蚕桑树管理

从菌球出现到发育成菇，通常需要 15～20 d。此时，要重点加强畦床内和空气中水分管理。若桑树自然遮阴的效果达不到 90%，则要辅助增罩遮阳网；空气相对湿度要求达 90%以上；畦床内基质含水量达 70%左右。为最大限度地提供阴湿环境，在晴天每天要浇水 3～4 次，每次浇水时间或浇水量视环境温度和湿度而定，一般微喷灌每次开放 40～60 min，尤其在发菇时，每天早上 7 时前须以雾态喷洒一次水，以利于菌球舒展开放成菇，上午采菇结束后，要及时罩上遮阳网。为确保竹荪绿色、安全，此时桑树严禁农药治虫。夏秋蚕桑叶采摘方法与春蚕同。

七、加强病虫害防控

竹荪出菇期间是高温高湿的多雨季节，此阶段特别要提防死菇、烂菇和竹荪褐发网菌病的发生。死菇、烂菇要及时清除掩埋处理。局部发生竹荪褐发网菌病，及时清掉发病处的培养料和土壤，稍微清宽些，并在清理处撒上新鲜石灰和喷洒杀菌剂。在发病初期可用多菌灵、甲基托布津、硫酸铜 1∶500 倍或含有效氯 150 mg/L 的漂白粉液连续喷洒 3～4 次。

八、适时采收

竹荪播种后可长菇 3～4 批，但大田采收却是一个延续的过程，从每年的 5 月下旬一直可以采到 10 月底。子实体成熟都在每天上午 8～10 时，当菌裙撒至离菌柄下端 4～5 cm 就要采摘，否则会萎蔫、自溶。采收用拇指和中指或竹刀片从菌托底旋转切断菌索采下，同时防止泥土和竹荪菌盖褐青色黏液污染菌柄和菌裙，使竹荪的品质受到影响。

第三节　桑园套种蔬菜技术

加工出口蔬菜原料安排在大田生产受各地种植制度和低效高毒高残留农药禁用管理难度的制约，传统露地栽培又易受冻害生长不良，难以实行大面积的订单生产。因此，一方面秋冬成年桑园以及养蚕劳力多闲置，另一方面蔬菜加工出口企业基地难建立，加工找不着足够的原料，经营得不到发展。利用桑园套种蔬菜(图 1-5)是在保持并增进原有蚕桑生产的基础上，选用大棚耕整机，在桑树间采取一次性耕作播种，两次覆盖保护栽培，以冬春低温屏障防控病虫害，实现五次采收的办法，在成年桑园套种加工出口菠菜(荠菜)的栽培方法。

图 1-5　桑园套种蔬菜

一、桑园选择

选择远离污染源的标准成年桑园作为套种加工出口蔬菜原料的产地，成年标准桑园要求等行栽植行距 1.5 m，或大小行，大行 2 m、小行 0.67 m。

二、田间管理

在晚秋蚕取食至大眠结束前后（10 月上旬），套作行间耕翻整理，采用大棚耕整机进行作业，作业前注意将桑枝条收拢扎好，耕整机前加一特制防护罩，以防损伤桑条；并每亩施农家肥 2 000～2 500 kg，另加 45％硫酸钾复合肥 50 kg，然后开始深翻，做好 1.2 m 宽平畦。菠菜品种可选用内蒙古大叶菠菜、华菠 1 号、辽宁圆叶菠等。其中一半（每亩折纯作播种量为 3～4 kg），经 5℃低温处理 24 h，然后浸种催芽，另一半保持干籽不必进行浸种催芽，播前两者混合均匀，并以干细土或商品有机肥各 10～15 kg，拌种，满畦播种或者只播种在耕作整理好的桑树大行。如种荠菜则可选用板叶荠菜，播种量及方法与菠菜相同。播前浇足底水，播后保土温润。追肥结合灌溉进行，可用 20％左右的经腐熟发酵的人粪尿追肥，后期气温下降，可用 50％的人粪尿追肥，分次采收的每采收一次后及时追施一次氮肥（每次每亩折纯氮 2～3 kg，兑水 1 000 kg）。

三、保温覆盖

第一次在秋播后，播种畦平面覆盖防虫网或者旧农膜，出苗后揭除；第二次在春节前后或者有寒潮出现时，在菠菜（荠菜）套种畦上以冬伐的桑枝为架浮面覆盖防虫网或者旧农膜，保温防冻、促进出苗。

四、病虫害控制

冬春种植菠菜一般很少发生病虫害，常见病害主要有霜霉病，以危害叶片为主，虫害主要有蚜虫等。对霜霉病可在发病初期，喷施 40%乙磷铝可湿性粉剂 200～300 倍液，25%甲霜灵 800～1 000 倍液防治，7～10 d 喷 1 次，连喷 2～3 次为宜。虫害特别严重时，可在低龄幼虫期用 48%毒死蜱乳油 1 000～1 500 倍液或 15%菜喜 1 500～2 000 倍液等高效低残留药剂喷防，注意在采收前的安全间隔期内禁止用药。

第四节　桑园套种生姜技术

桑树是一种落叶乔木，根系发达，萌芽力强，长得快，喜光，枝条密度适中；能抗旱耐寒，抗碱力也比较强。另外，桑叶是喂桑蚕的主要食料；桑木可以制家具、农具，并且可以作小建筑材料；桑树皮可以造纸；桑条可以编筐；桑葚可以酿酒。综上所述，桑树不仅是水土保持、固沙的好树种，而且还具有很高的经济价值。但是，随着农业产业结构的调整和劳动力价值的不断提高，养蚕的效益在不断下降，桑园面积逐渐萎缩。因此，针对如何提高桑园的单位面积产量、调动蚕农的积极性，人们纷纷提出了通过桑园套种其他农作物这一途径。

生姜不仅是人们日常生活中的常用佐料，而且其本身还具有消炎、抗菌、镇静、止吐、抗过敏、抗血小板聚集等作用，生姜的姜辣素进入人体后能产生很强的抗氧化酶，能抑制癌细胞的活性，降低癌细胞的毒性。因为生姜植株矮小，是阴性作物，喜温暖、湿润，怕阳光直射，根系不发达，入土浅，主要分布在 30 cm 以上的土层，所以可以充分利用桑树给其创造的适宜环境，茁壮生长。桑树和生姜的套种可以充分利用两种植物的生物学特性趋利避害、相互利用。

桑园套种生姜（图 1-6）利用桑树与生姜的生长特性，把现有资源的相互竞争变成了相互利用，趋利避害，不仅解决了我国蚕桑、生姜种植过程中资源利用不充分、比较效益下降两大关键问题，而且在提高桑园单位面积产量的同时还降低了种植桑树和生姜的生产成本，增加了农民的收入。

图 1-6 桑园套种生姜

一、密度

在已经投产的传统桑园内套种生姜，桑树行距为 1.5～2.0 m，株距为 0.35～0.45 m，密度为每亩桑园拥有桑树 800～1 000 株。

二、施肥

冬前深翻施肥，由于生姜是块茎植物，需要大量的钾肥，结合深翻，每亩施入 4 000 kg 有机肥和 25 kg 硫酸钾。

三、种姜

选择健康、50～100 g、有 1～2 个壮芽的姜块作为种姜，将种姜摊开晾晒 1～2 d 后，用 1∶120 的波尔多液浸种 10 min，然后将种姜捞出后催芽。用潮沙子将其层层堆码好，用薄膜覆盖，膜厚度为 0.3～0.4 mm，使薄膜下温度保持在 20～30℃，8～10 d 后种姜可出芽，然后分级播种。

四、土壤

生姜是块茎植物，要求土壤疏松，因此播种前应从两边覆土做畦，畦高 0.2～0.3 m。

五、播种

在清明后至谷雨节播种，播种实行条播，行距为 35～40 cm，株距为 26～30 cm，沟深 10～20 cm，在两行桑树间套种 1～4 行生姜，每亩用种 500 kg；结合桑田施用春肥，每亩用 30 kg 尿素、35 kg 复合肥作种肥，将肥料放入沟内与土壤混匀；播前 1 h 浇底水，使土壤湿润，将姜块水平放在沟内，使幼芽方向保持一致，并用手轻轻按入，覆土 5 cm。

六、追肥

结合桑树春伐追肥一次，每亩桑园施尿素 30 kg，复合肥 50 kg，硫酸钾 25 kg，在距植株基部 15 cm 处开沟施入，覆土灌水。立秋前后当生姜块茎膨大时，结合桑树追秋肥，每亩桑园施尿素 30 kg，复合肥 25 kg。当苗高 30～40 cm，1～2 个分枝时除充分利用两边的桑条外，对于多余的行用春天剪下来的桑枝条进行搭架，每 4 根上端扎成一捆，呈“×”字形。晚秋蚕结束后由于桑树的遮挡，田间比较温暖，生姜可以推迟收获，提高产量。

第五节　桑园套种大球盖菇技术

目前，种桑养蚕一般是在 4～11 月份进行，其余时间由于桑树已经没有叶子，桑蚕养殖户的桑园大约有半年时间处于撂荒的状态，土地资源浪费严重。利用闲置的桑园套种大球盖菇，可以解决非养蚕季节土地利用率低的问题，增加桑蚕养殖户的收入。

套种大球盖菇的基料可作为有机肥留在桑园中，来年桑园培肥时，只需在套种大球盖菇的桑树行间上施肥即可，减少桑蚕养殖户施肥工作量，提高生产效率。

一、基料的配比(质量百分比)

杂木屑 48%，桑枝碎屑 32%，麦麸 12%，稻草 3.5%，生石灰 1%，碳酸钙 1%，石膏粉 1%，营养素 1.5%。

二、基料准备

下半年养蚕期结束前 15～20 d，将基料充分拌匀、洒水，使基料含水量达 95%以上，堆沤发酵，7～8 d 翻堆一次，15～20 d 基料腐熟。

三、大田生产

养蚕期结束后，对栽培的桑树行间进行平整，除草，消毒，将腐熟后的基料平铺在桑树行间，隔一行铺一行，基料平铺宽度 60～70 cm，平铺厚度 10 cm，然后栽入大球盖菇菌种，再撒一层厚度为 2 cm 的基料，铺上碎土，最后再盖上厚 3～5 cm 的稻草。

四、淋水管理

遇上干旱天气要及时淋水补湿，1～2 d 淋水一次，栽菇后 40～50 d 菌丝发育成熟，长出大球盖菇。

五、采菇和加工

大球盖菇长出地面后，按不同的加工需求进行适时采收。销售鲜菇及加工盐水菇要在大球盖菇菇盖尚未完全展开时采收；以菇腿切片加工干菇则应延迟采收时间 1～2 d。

第二章

稻田立体种养模式与实用技术

第一节　稻田养鱼技术

稻田立体种养模式与实用技术彩图

目前，水产养殖业大多采用人工池塘养殖或采用养殖网箱在水库或自然水体中进行人工养殖。众所周知，在水产养殖过程中，由于水生生物的排泄、残余饵料的分解等会在水体中产生大量的氨、氮、磷等物质，这些物质若不及时清除，则会污染水质，破坏水生生物的健康生长，而频繁的净化处理则成本太高。稻田养鱼（图 2-1）是将水稻种植与鱼养殖有机结合在同一生态环境中的一种立体种养模式。可利用鱼类的摄食游动清除杂草、吞食水稻害虫，减少农药施用，同时稻田产生的一些有机物又可以作为鱼类的食物，达到互利的目的。浙江省青田县稻田养鱼的模式迄今已经有 1 200 多年的历史。它起源于农民利用溪水灌溉稻田，鱼随着溪水流入稻田中自然生长，经过长时间的探索实践，形成了天然的稻鱼共生的一种生态系统。稻田生态养鱼的模式不仅能够充分利用田地资源、稻田水资源、生物资源等，还可以大大地提高水稻和鱼的产量和质量，是人为建立起来的一种稻鱼共生、相互促进的生态系统。

图 2-1 稻田养鱼模式

一、稻田的选择

(一)土质好

一方面保水力强，无污染，无浸水、不漏水(无浸水的沙壤土田埂加高后可用尼龙薄膜覆盖护坡)，能保持稻田水质条件相对稳定;另一方面要求稻田土壤肥沃，呈弱碱性，有机质丰富，稻田底栖生物群落丰富，能为鱼类提供多种饵料生物。

(二)水源好

水源水质良好无污染，水量充足，有独立的排灌渠道，排灌方便，旱不干、涝不淹，能确保稻田水质可及时、到位地控制。

(三)光照条件好

光照充足,同时又有一定的遮阴条件。稻谷的生长要良好的光照条件进行光合作用,鱼类生长也要良好的光照,因此养鱼的稻田一定要有良好的光照条件。

二、养鱼基础工程建设

(一)田埂的修整

在稻田四周打埂、夯实、加高,并在其上安插拦鱼网;然后将田埂内侧四周及田地中心挖出宽度为 50～100 cm,深度为 40～60 cm 的环田鱼沟和“十”字形(图 2-2)、“田”字形鱼沟(图 2-3),上述环田鱼沟和“十”字形、“田”字形鱼沟相连通;上述环田鱼沟和“十”字形、“田”字形鱼沟将上述田地分成若干个独立的区域作为水稻种植区。

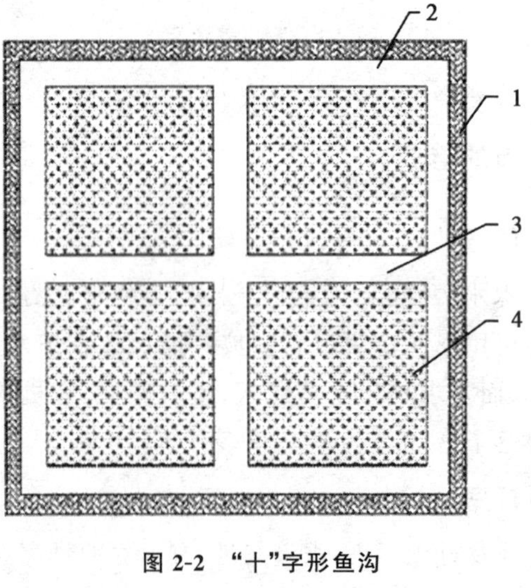

图 2-2 “十”字形鱼沟

1. 田埂　2. 环田鱼沟　3.“十”字形鱼沟　4. 水稻种植区

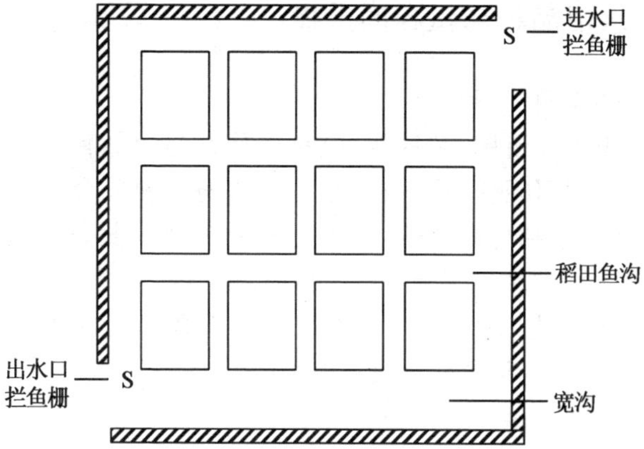

图 2-3 “田”字形鱼沟

S代表鱼溜

(二)开好进、排水口

稻田养鱼要选好进、排水口。进、排水口的地点应选择在稻田相对两角的田埂上,这样,进、排水时,可使整个稻田的水顺利流转。进、排水口要设置拦鱼栅,避免跑鱼,拦鱼栅可用竹、木、纱网、尼龙网、铁丝网等制作。

(三)消毒和施肥

养鱼稻田一定要清田消毒,以清除鱼类的敌害生物(如黄鳝、老鼠等)和病原体(主要是细菌、寄生虫类)。清田消毒药物主要是生石灰。生石灰有改善 pH 的作用,尤其适用于酸性土壤。秋冬季的无水稻田每亩用生石灰 70 kg 左右,加水搅拌后,立即均匀泼洒。养鱼稻田要结合整田施用一定量的底肥,底肥通常占耗肥总量的 70%～75%。一般每亩施有机底肥(厩肥)750～1 000 kg,复合肥不超过 20 kg。

三、水稻品种和鱼种的选择

(一)水稻品种选择

水稻应选择耐肥、茎秆粗壮、抗倒伏性强的品种。芦苇稻是由浙江大学利用现代诱变技术培育而成的一种适合稻田养鱼的水稻品种,芦苇稻株高可达 1.8～2 m,叶片大而长,抗病虫性好,种在 1 m 多深的水里看起来就像芦苇,故得名"芦苇稻"。每根稻节上可形成发达的水生根,具有优异的水体净化能力。除此之外,还可以选择甬优系列杂交水稻。

(二)鱼种选择

稻田养鱼一般应以草鱼、鲤鱼、银鲫为主,同时搭配部分鳙和罗非鱼。为提高产量与效益,要严把苗种质量关:要求放养品种合理,搭配得当,规格适中,体格健壮。

四、鱼种放养与管理

(一)鱼种消毒

首先对鱼种进行疫苗注射,然后再用 3%食盐水浸泡 5～10 min。放养鱼种的稻田在 6～7 月份应套养 500～1 000 尾夏花。夏花放养前一般用 2%～3%的食盐水浸泡 10～15 min 消毒,再缓缓倒入鱼溜中。

(二)放养种类及规格

放养鲤鱼和鲫鱼,一般都放养当年鱼种,1 cm 以上的就可以放养,3.3 cm 左右的鱼苗最佳,2 个月后可长到 50 g,3 个月后可长到 100 g,杂交鲤可长到 150 g,如放养 50 g 左右的隔年鱼种 3 个月可长到 250 g 以上。

(三)放养密度与时间

稻田养鱼是一种粗放养殖方式,通常以一种鱼为主要养殖对象，在不发生饵料冲突的情况下，为充分利用稻田饵料生物群落可适当搭养其他鱼类。鱼种放养时间越早，养鱼的季节就越长，因此应尽量争取早放养。放养隔年鱼种则不宜过早，以栽秧后 20 d 左右放养为宜，放养过早鱼会吃秧，过迟对鱼、稻生长不利。晚稻田养鱼，只要耙田结束就可投放鱼种。

(四)饲养管理

饵料是鱼类生长的基本保证。最廉价的饵料是草。草鱼最喜爱的是苦草(一种水生维管束植物，形态与韭菜略微相似)，其次是轮叶黑藻、水生植物、陆生嫩青草。鲫虽食性杂，但喜爱底栖动物，尤以软体动物为最爱，有机腐殖质亦可接受。鲤则不太挑食，无论粗细，一概全收。稻田养鱼前期以萍、草、虫等天然饲料及农家下脚料为主；中后期以商品饲料为主，主要有麦麸、豆饼、菜籽饼、小麦、米糠等。投饵应严格按照“四定三看”(定时、定质、定量、定位，看鱼、看水、看天)原则，并根据实际情况灵活掌握。一般坚持定点在鱼凼内食台上投饵，生长旺季日投两次，上午 8:00～9:00，下午 4:00～5:00，量以 1～2 h 吃完为度，精饲料投放量为鱼种体重的 5%～10%，青饲料投入量为鱼种体重的 30%～40%。

(五)鱼病的防治

稻田养鱼相对池塘养鱼，鱼病较少。鱼病防治坚持“以防为主，以治为辅”的原则，在鱼病易发季节，加强预防，出现病害及时治疗，要做好清田消毒、鱼种和饲料消毒、水质调节和药物预防等工作。高温季节每半月用 10～20 mg/L 生石灰或 1 mg/L 漂白粉沿鱼沟、鱼坑均匀泼洒一次。若有条件将上述两种药物交替使用，即可杜绝细菌性和寄生虫性鱼病。用土霉素或大蒜拌料投喂，预防草鱼肠炎病，效果也很好。每 100 kg 饲料用土霉素 50 g 或大蒜 5 kg。

五、水稻的管理

(一)及时追肥

为确保水稻的生长,应根据稻的生长情况及时追肥。追肥要少量多次。有机肥应充分发酵后全稻田泼洒,不要泼在沟凼处,每亩每次 100～150 kg。无机肥更要注意少量多次,每亩每次施硫酸铵 10～15 kg 或尿素 5 kg 为宜,一般用量不超过每次每亩 15 kg。同时,化肥施用方法要适当,先排浅田水,使鱼集中于鱼沟和鱼溜中再施肥,使化肥迅速沉于水底层,并为田泥和稻株所吸收,随即加水至正常深度。

(二)稻田病虫害防治

水稻施用农药应选择对鱼类毒性小,药效好的农药,如井冈霉素、杀虫双、扑虱灵、托布津等,必须按比例浓度用药。避免使用"1605"、"1059",禁用鱼藤精、敌敌畏、甲基对硫磷等对鱼类毒性大的农药。由于稻田养鱼后,鱼吃掉了一部分害虫,水稻病虫害有所减轻,单季稻田施药可适当减少 1～2 次。施药前,疏通鱼沟,加深田水至 7～10 cm。粉剂趁早晨稻株沾有露水时用喷粉器喷;水剂、乳剂宜在晴天露水干后或在傍晚喷药;下雨前不要喷药,以防雨水将农药冲入水中。施药时可以把稻田的进出水口打开,让田水流动,先从出水口一头施。药物应尽量喷在稻株上,减少药物落入水中,提高防病治虫效果,降低农药对鱼类的危害。

六、鱼的捕捞

捕鱼前先把鱼溜、鱼沟疏通,使水流畅通,捕鱼时于夜间排水,等天亮时排干,使鱼自动进入鱼沟、鱼溜,使用小网在排水口处就能收鱼。若收鱼的季节天气较热可在早、晚进行。挖有鱼凼的稻田则可于夜间把水位降至鱼沟以下,鱼会自动进入鱼凼。若还有鱼留在鱼沟中，则灌水后再重复排水一次即可，然后以片网捕捞。如一次捕不干净，可重新灌水，再重复捕捞一次。

第二节 稻田养鸭技术

目前，水稻种植方法只在有水田以单独种植水稻为主，在种植过程中经常进行人工施农药、化肥，除杂草等多项管理，因而存在着种植成本高、管理烦琐、品质不高等缺点。另一方面，现有的养鸭模式多是在江河、池塘中放牧鸭群，其功能单一，资源浪费较大，不能有效地利用鸭子啄食害虫，而且鸭子的粪便不能充分地利用，还为河水和土地带来环境污染。采用稻田养鸭模式可以解决以上单一模式所带来的问题。

稻田养鸭（图 2-4）是一种按自然界生物链关系构成的共生模式，此种人造稻鸭互控互促的良性自然生态环境，已成为当前最经济的绿色、有机稻谷和散养家禽共生技术。稻田中不允许施放农药、化肥，为配套放养的鸭子提供了一个无污染自然生活场所。鸭子在稻田中自由觅食及活动可以防治水稻的病虫草害，鸭子排出的粪便是有机肥，鸭粪落在稻田中可肥田，在此自然生态环境

图 2-4 稻田养鸭

下共生的稻鸭均无污染，具有绿色、有机品质。

一、水稻栽培技术

(一)稻田选择

稻田应该选择地形规则、平整、土质肥沃、保水性能好的田块。

(二)水稻品种的选择

选用分蘖力强，植株高大，茎秆粗壮的并且适合本地栽培的水稻种。浙江南部地区可以选择甬优系列杂交水稻，特别是甬优12号。甬优12号属于密穗株型，根系发达、茎秆粗壮，株高125 cm，穗长22 cm，每亩有效穗12万个，亩产950 kg左右。

(三)整地与施肥

秋翻地，耕深15～18 cm，采用耕翻、旋耕、深松相结合的方法，旱整地与水整地相结合，做到田内高低不超过3.33 cm，肥水不溢出。秋施充分腐熟有机肥，每亩800 kg左右，最好秸秆还田。少施化肥，尿素用量减少一半左右。水耙地前，每亩施入尿素3～4 kg，磷酸二铵5～6.65 kg做底肥。

(四)适时早插，稀植，人工摆插

当日平均气温稳定通过12～13℃时，约5月初开始插秧。移栽方法采用人工摆插或机插，插秧深度为2 cm左右，插秧深度不宜过深，也不宜过浅，过深影响分蘖，过浅易产生漂或倒、倾苗。插秧规格30 cm×15 cm，每穴插2～3棵基本苗，插秧做到行直、穴匀、棵准，不漂苗。插秧规格不宜密植，否则影响鸭子在水田中活动。

(五)病虫害防治

害虫主要靠鸭捕食，一般不用药剂防治。但病虫害发生严重时一定要辅以高效、低毒、低残留的农药予以防治。喷药防治时，可把鸭群迁出，7～10 d 后正常放养。

二、鸭子放养技术

(一)鸭子品种选择

稻鸭以就地取材、降低成本为主，因地制宜选用早熟、适应当地饲养、生活力和抗逆性较强的优良鸭种，如当地笨鸭、麻鸭、北京鸭。稻田养鸭，放鸭时鸭龄过大，会把水稻幼苗压倒，鸭龄过小，难以适应稻田环境。因此，放鸭时的鸭龄十分重要。例如，采用 20 日龄、体重 200 g 左右的雏鸭。

(二)放养密度

稻田养鸭的目的主要是防治田间多种害虫，如水稻黏虫、螟虫、飞虱等，其次为防除稻田杂草。单位面积放鸭数量与稻田害虫、杂草防效以及饲养鸭子成本直接相关。鸭子数量过少，稻田害虫、杂草防效降低；鸭子数量过多，稻田中害虫、杂草不够吃，害虫、杂草防效虽然好，但饲料成本增加。根据各地多年的试验研究，放鸭数量以每亩 20 只为适宜标准，既减少饲料成本，又达到很好的害虫、杂草防除效果。

(三)建造鸭棚

养殖农户利用家中空闲房、畜圈等作鸭棚，每平方米可养 10～20 只，也可以此为根据建更小的鸭棚，供鸭子休息，避风、雨、寒(特别是晚上)。注意平时保持鸭舍的清洁干燥和通风。随时观察，发现病鸭立即隔离，及时治疗，做好防病工作。棚底用木板，四周和顶部封严，背风处留一个小门。也可在稻田建鸭棚(图 2-5)。

(四)鸭子饲喂

白天鸭子在水田中活动，以杂草、昆虫为食，傍晚上岸后，需

图 2-5　稻田鸭棚

要辅助喂一些精饲料，如麦麸、碎米、玉米面等。小鸭放养的前半个月，由于觅食能力较差，需在固定场所添加一些精饲料，以后逐日减少，直至鸭子自动觅食。

鸭子生性比较胆小，每次从鸭棚里放鸭时，不能人为撵鸭，这样会使鸭子受到惊吓，聚堆不吃草。因此，放鸭时小心把鸭棚门打开，让鸭子自行出棚觅食。放养鸭子时不能让鸭子在刚施过农药、化肥的稻田活动。

（五）收、放鸭时间

1. 放鸭时间

水稻秧苗返青后（栽秧后 20～30 d）放鸭。过早，会压倒稻苗影响水稻基本苗数；过晚，杂草生长较大，鸭子不易食用，杂草防效低。因此，最好是在稻苗扎新根缓苗以后及时放鸭，只要稻苗已缓苗，放鸭时间越早越好。

2. 收鸭时间

在水稻孕穗末期，即将抽穗时及时收回鸭子。因为，此时的鸭子体重一般已长到 2 kg 左右，采食能力极强，如不及时回收处理，便会采食快成熟的稻谷，造成水稻减产。

（六）鸭病的预防

稻田养鸭开放性饲养，容易感染疫病和传播疫病，因此要注重鸭子的防疫工作。雏鸭 1～3 日龄，注射鸭病毒性肝炎疫苗；肉鸭 7 日龄，注射鸭瘟疫苗；30 日龄注射禽流感疫苗；对于 2 月龄以上的鸭群，要注射禽霍乱油乳剂灭活苗。

三、注意事项

（1）建议使用低毒、高效、低残留农药对水稻病虫害进行防治，尽可能不使用农药。

（2）田间鸭舍建造时，应考虑防止鼠类侵害。

（3）稻田施药期间，应及时收鸭起田，待安全间隔期后，再下田放鸭。稻田施药安全间隔期内，鸭子饮用水与稻田水应分开，防止鸭中毒和鸭产品污染。

（4）发生过鸭瘟或带传染病鸭子走过的地方，以及被矿物油污染的水面，不能放养鸭子。

第三节　稻田套养泥鳅技术

稻田养殖泥鳅是指通过对稻田的改造，在水稻田里养殖一定数量的泥鳅，发挥泥鳅捕食害虫、疏松土壤和提供作物肥料等作用，实现水稻泥鳅共生的一种种养模式。稻田养殖泥鳅是将水产养殖和水稻种植有机结合起来的一种立体农业生产模式（图 2-6）。泥鳅与水稻共养，水稻田中的蛆蚜、水蚤和杂草等成为泥鳅的天然饵料生物，再结合投喂少量的饲料即可养殖泥鳅，同时泥鳅直接吃掉水中的部分有害昆虫，对水稻具有生物防治虫害的功能。另外，由于泥鳅在田间活动还能疏松土壤，提供根呼吸的氧气，其粪便还含有大量的氮元素，也可为水稻生长提供肥料。采用茎秆坚硬、抗倒伏、抗病力强以及深水(水深为 0.6 m 以上,能够防止稻田中的水稻倒伏,并且深水给予泥鳅更大的生活空间)生长的水稻品种。稻田养殖泥鳅符合环境友好、资源节约、高效循环的农业发展需要,养殖得到的泥鳅,天然无污染,为纯绿色食品;水稻施肥少,减少肥料投入的同时,水稻还有一定的增产。

图 2-6　水稻-泥鳅养殖模式

(来源:中国养殖网)

一、稻田的选择

养泥鳅的稻田一般要求保水性能好,渗漏速度慢,插秧前稻田水深保持在 20 cm 以上。稻田的积雨面宜小不宜大,选择低洼田、塘田、岔沟田为宜。水质清新、无污染,水量充足,排灌方便,光照充足。土质以黏性土壤、高度熟化、肥力较高的为佳。

二、防逃设施

养殖泥鳅的稻田,田埂应高出田面 60 cm 左右,捶紧夯实,可用农膜插入泥中 10 cm 围护田埂,以防漏洞、裂缝、漏水、塌陷而使泥鳅逃走,同时进、出水口处要安装塑料网栏。

三、开挖鱼沟

一般采用“十”字形鱼沟(参见图 2-2),挖在稻田中央,约占稻田面积的 10%,沟深 60 cm、宽 90 cm 为宜。鱼沟渠道要与进、出水口处畅通。

四、稻田施肥

养殖泥鳅的稻田在插秧前每亩施有机肥 300 kg,如猪羊粪、厩肥、人粪即可,主要施入沟内。以后根据稻、鳅生长情况补施些速效化肥,以亩施 10 kg 尿素为宜。

五、放养时间和密度

泥鳅一般在水稻插秧后 10 d 开始放养。苗种规格以长 3～4 cm 为好,每亩放养 2.5 万尾左右。

六、投喂饲料和管理

一般每天投喂饲料 1～2 次,即上午和傍晚各 1 次。直接投放在饲料台。饲料以谷糠、麦麸及鱼类专用饲料等为宜,可搭配些青饲料。日投喂量一般为泥鳅体总重量的 4%～5%。稻田水位应根据生产需要适时调节。稻田防病治虫要注意选择低毒农药,适时适量叶面喷施,以防药害。泥鳅经过 4 个月左右的养殖,全长达到 10 cm,体重达到 120 g 左右,可以捕捞出售。

第四节 稻田套养黄鳝技术

黄鳝是营养价值和药用价值较高的一种水产资源。近年来,随着野生黄鳝的逐年减少,人工养殖黄鳝逐步发展起来。目前,养殖者普遍采用在鱼塘架设网箱的方式养殖黄鳝。面积为 1 m^2

的小网箱，一般养殖出产 1 kg 黄鳝。这种在高密度状态下，通过投喂大量高蛋白人工饲料催肥的黄鳝，无论是外观还是肉质，都无法和稻田生长的黄鳝相媲美。市场销售价格每千克也比野生黄鳝低 10 元左右。利用稻田养殖黄鳝，实现稻鳝共生，可以提高农民的综合经济效益，实现农业增效、农民增收、农村富裕。

一、稻田选择与工程建设

(一)稻田的选址

水质清新无污染，水量充沛，排灌方便，田埂坚实不漏水，以保持一定水位的较低洼稻田为好。

(二)防逃网的设置

先在稻田边挖 30 cm 的埋网沟，将防逃网网片的一端埋入泥土，同时沿田边用木棒或竹竿进行打桩，桩高 1.2 m，两桩之间的距离为 5 m 左右。在桩顶拉铁丝并将铁丝固定到每一个桩上，然后将网布的另一端用细铁丝或专用扎带固定到铁丝上，防逃网之间用线缝合好。

(三)培虫台的搭建

在每亩稻田中共设置 2 个培虫台。培虫台为长方形，宽 3 m，用泥土堆高 10 cm，再在台的四周设置土埂，土埂高 10 cm。在开展养殖前，在 2 月份的时候，先在培虫台上放 5 cm 厚的玉米秸秆，再在秸秆上铺厚约 5 cm 的腐熟畜禽粪，鸡粪、猪粪或牛粪均可，再在粪上盖一层薄土。培虫台设置好后，加水进行浸泡，水深度以完全淹没培虫台为准。

二、饲养前期准备工作

(一)种虫的投放

种虫的投放在 3 月上旬，先用钉耙将培虫台上的粪料和表层泥土进行翻动，同时使用鱼用氨基酸肥水膏泼洒水面（鱼用氨基酸肥水膏用水稀释即可泼洒，每亩水面泼洒 10 kg 鱼用氨基酸肥水膏），静置 2 d 后，在培虫台上投放蚯蚓种虫，每平方米的投放量为 1 kg。

(二)水草的铺设

进入 4 月份，培虫台上的水蚯蚓开始繁殖产卵，池中的肥水也吸引大量摇蚊等昆虫到水中产卵，此时开始铺设水草；水稻田中的水草主要为水葫芦，铺设水草的方法为：用竹子或 PVC（聚氯乙烯）塑料管做成长 2 m，宽 1 m 的塑料框，将塑料框沿培虫台两侧排满，打桩固定，并将水生植物水葫芦铺设到框内。

(三)投放鳝苗

待水草铺设完成后，选择连续的晴天投放鳝苗。挑选规格整齐、无病无伤的鳝种放养，选择体色黄色并夹杂有大斑点作养殖品种较佳，生长较快，放养规格为 5～20 cm，鳝苗按照 200 kg/亩的比例投放到稻田中。

三、饲养期管理

(一)培虫台的维护

每隔 8 d，氨基酸肥水膏用水稀释后喷洒培虫台，每亩使用 10 kg 的氨基酸肥水膏。

(二)饲料投喂

鳝种放养后 3 d 内不投饲，以使鳝种体内食物全部消化成为空腹，使其处于饥饿状态，然后在晚上投喂黄鳝喜食的蚯蚓和切碎的小杂鱼或动物内脏，投饲量为体重的 1%～2%。等到吃食正常后，可在引食饲料中掺入蚕蛹、蝇蛆、鱼粉、米糠、瓜皮等饲喂，投饲量视吃食情况逐渐增加到体重的 3%～4%，在水温 26～28℃黄鳝生长最适温度时，投饲量可增加到体重的 6%～7%。

进入7月份后，随着鳝鱼的生长，光靠池中的虫子已经难以满足黄鳝的采食量，此时，将鲜鱼用绞肉机绞碎后，于傍晚进行投喂，从经济价值考虑，通常采用新鲜的白鲢鱼即可，一般投喂量为投放鳝苗重量的5%～10%。

(三)水质管理

保持田中水质清新，适时加注新水，一般春秋季7 d换水1次，夏季3 d换水1次。确保做到水质“肥而不腐、活而不疏、嫩而不老、爽而不寡”，整个养殖期保持水体透明度在12 cm左右。

(四)病害管理

病害的防治在养殖业中具有非常重要的地位。不仅苗种在放养前要消毒，养殖沟在鳝苗投入前7～10 d，每平方米需用生石灰0.3 kg清塘消毒，平时每半个月用15 mg/L的生石灰溶液消毒，做好预防工作。鳝种在放养、捕捞、运输过程中要尽量避免擦伤，以防细菌侵入发生赤皮病，症状为：体表出血、发炎，以腹部和两侧最为明显，呈块状，需内服药和外用药消毒结合治疗。

(五)鳝鱼捕获

进入11月份，水温下降到15℃左右时，可将养殖的黄鳝收捕到网箱暂存，以备随时出售。收捕方法为：将稻田中的水草（水葫芦）去除一部分，然后把池水尽量加深，“逼迫”黄鳝进入水草丛中，将网片从水下伸入，提起四周将水草中的黄鳝和草一起兜起，捡出水草即可得到黄鳝。

四、水稻栽培技术

水稻-黄鳝立体种养模式对水稻品种有着特殊的要求，要求选用高产优质、茎秆坚硬、抗倒伏、抗病能力强的品种。水稻移栽前秧苗要施一次农药，种植时要求株间距20 cm，行间距26 cm。这样不仅有利于通风透光，还可以有效防止病虫害的发生。水稻移植后8～10 d 施一次水稻分蘖肥：尿素 10 kg/亩或者碳酸氢铵 25 kg/亩。

第五节 稻田套养河蟹技术

近年来，嘉兴北部地区开始利用稻田区域生态资源的优势进行河蟹养殖（图 2-7），发展生态种养技术，力创“一水两用、一地双收”的增产、增收产业。一方面，稻田养殖河蟹防治水稻病虫草害、增产增效，另一方面天然河蟹有着丰富的营养物质，已经成为人们餐饮中的一道美食，随着环境改变，天然河蟹日趋减少，早已不能满足人们的需要，稻田养殖河蟹可增加供给，农民也可增收。

图 2-7 稻田养殖河蟹

一、稻田选择

养蟹稻田应选在靠近水源，水质好、无污染，排灌方便，保水力和保肥性能强，汛期不被淹没，连片面积较大的低洼浅滩。

二、水稻品种的选择

水稻应选择抗病虫害、抗倒伏、耐盐碱、耐肥力、优质高产的品种，可选择辽星 1 号水稻品种。

三、大眼幼体的选择

从孵化场运来河蟹幼体，先放在暂养田块的一侧蟹沟中，事先已经加盐调节蟹沟水体盐度，使盐度保持在 5～7，大眼幼体入暂养池后 2 h 后开始灌水降盐度为 1～2，投喂卤虫。

四、水稻的栽插方式

插秧前将稻田挖出 40 cm 深、60 cm 宽的环形蟹沟，且环形蟹沟距离田埂 40 cm，然后再插秧；采用“大垄双行、边行加密”的栽插方式，即小垄行距为 20 cm，大垄行距为 40 cm，以利于秧苗通风、透光及河蟹活动（图 2-8）。大垄双行栽培技术能有效地解决水稻株行距较小，导致封垄早，后期通风透光不良，底部叶枯死较早，造成水稻早衰、干物质积累受阻等问题，从而提高水

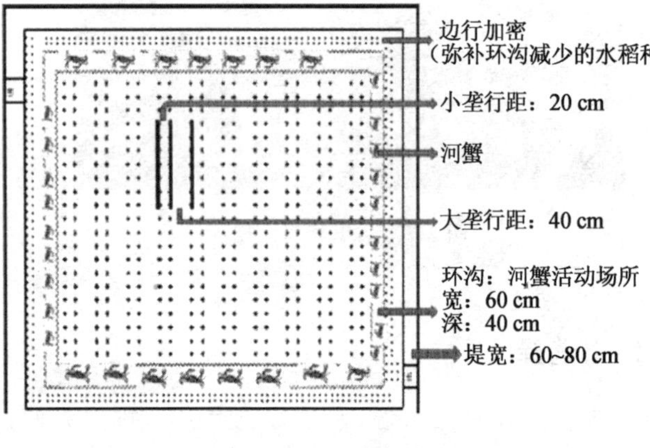

图 2-8　稻田养蟹布局图

稻光能利用率。

五、水稻的施肥方式

在稻田进行耙地前，一次性施入生物菌性有机肥为底肥，施肥量 900 kg/hm^2。

六、进排水系统

养蟹稻田进、排水口的位置挖在稻田相对两角的田埂上，进、排水口与排灌渠道、环沟连通，这样可使整个稻田的水流通畅。

七、防逃设施

在稻田四周用塑料薄膜构筑河蟹防逃墙，用 0.08～0.1 mm 的塑料薄膜作为墙体，将其埋入土中 10 cm，使地上部分防逃墙高 50～60 cm，外侧用竹竿加铁线固定，墙体角度向内略有倾斜，四角围成圆弧状。

八、伊乐藻种植

水稻移栽后，在环沟内种植伊乐藻，栽植时充分利用伊乐藻分蘖、再生能力强的特点，先将伊乐藻植株分成 10 cm 左右的节，用手直接插入泥中，栽插时行株等距 40 cm×40 cm。嘉兴地区伊乐藻生长旺期是 4～6 月。为了提高伊乐藻成活率，蟹种应先在暂养池暂养一段时间，等到伊乐藻到达生长旺期，再放入其中。伊乐藻的存在，不仅能增加稻田水体溶解氧，保持环沟内水体稳定，还是河蟹的适口饵料。

九、安装灭蚊蝇灯

在稻田四周安装灭蚊蝇灯，每 3～5 亩安装一盏，用于诱杀稻田害虫及预测害虫的分布。

十、适时放养

每年7月初，河蟹进入大田。放养前，先向大面积稻田内放入新水，然后再将河蟹放养到大田中。

十一、立体生态种养

水稻与河蟹的立体生态种养模式见图2-7。

十二、河蟹投喂管理

饲料投喂要有利于河蟹和水稻的生存环境及稻田内和谐的生态环境，每天定点、定时投喂一次饵料，投喂量为放养河蟹总体重的3%，投喂颗粒饲料。8月中旬到9月中旬，应停喂颗粒饲料，改投水草等青饲料，环沟内的伊乐藻是天然饵料，以此防止河蟹性早熟和控制河蟹性早熟比例。

十三、日常管理

做到“二巡”、“三防”、“四察”。“二巡”即早、晚要巡田：每天有专人巡田2次，尤其是在早、晚和阴雨大风等恶劣天气，更要认真仔细巡田，同时观察水质变化、河蟹生长和摄食情况，及时发现问题及时解决。“三防”即是防敌害、防污水、防偷盗。防敌害生物的侵袭，一防水蛇、青蛙、蟾蜍，二防鼠害，三要及时驱赶水鸟，为河蟹创造适宜的生长环境。“四察”：一察防逃设施有无破损，发现问题及时解决；二察有无残饵，注意观察河蟹吃食情况，以定下次的投饵量；三察水质变化，可灵活调节换水时间，同时，注意收听天气预报；四察河蟹长势，有无病害，有无敌害，及时清理蟹壳、死蟹，对蟹壳大小进行测定。稻田养蟹病害以防为主，防治结合，一般一个月泼洒一次石灰水，每次每亩用量10 kg。水质应符合GB 11607—89标准，pH控制在7.0～8.0之间。

十四、疾病防治

放养前对养蟹稻田和暂养池进行清整消毒。蟹种放养时用 20 g/m^3 的高锰酸钾浸浴 5～10 min，放养后定期（一个月一次）向蟹沟泼洒石灰水，定期投喂药饵。在 7 月初和 9 月初用磺胺脒和饲料配制成药饵，第一天每 10 kg 河蟹用药 1 g，第二至第六天中每天的药量减半，6 d 为一疗程，共计 5 个疗程，防病于未然。

十五、捕获河蟹

9 月底至 10 月初，是水稻收割前的河蟹捕获期，利用排灌水交替进行，形成水流，诱导河蟹进入待捕区。河蟹捕获后，可收割水稻。

嘉兴王江泾镇养蟹稻田的投入产出比比常规稻田的投入产出比高；捕获时节的河蟹平均 83 g/只，平均 60 kg/亩，获得的蟹为生态蟹；水稻平均亩产为 705 kg。因此河蟹与水稻均丰收，综合效益很好。

第六节　稻田套养小龙虾技术

小龙虾学名克氏原螯虾（以下统称小龙虾），其肉味鲜美、营养丰富，深受人们喜爱，是目前虾类养殖的主要品种。近几年由于市场需求急剧增加，小龙虾天然资源急剧减少，价格逐步走高。因此，通过人工科学养殖来满足市场需求，目前稻田综合套养规模与面积迅速增加。在稻田中套养小龙虾（图 2-9），充分利用物种之间的共生互利关系，实现稻田生态系统中物质和能量的良性循环。利用小龙虾在稻田内摄食和活动，给稻田增肥、除草、除虫，再辅助诱虫板、灯光诱杀等综合防治稻田病虫害，可以大大减少化肥和化学农药的使用，促进稻田的生态环境修复，提高水稻品质，从而提高稻田综合经济效益。

图 2-9　稻田养殖小龙虾模式

（来源：第一农经）

选择 5 块生态环境良好、无污染源的平整长方形稻田，其长宽比为 2∶1，每块稻田约为 10 亩。

一、田间改造

当年水稻收割后，在稻田相邻三边田埂内侧距田埂 2 m 处开挖宽 2 m、深 0.8 m 的 U 形深水沟，U 形深水沟的面积占稻田总面积的 8.5%；位于 U 形深水沟内侧的平整区域为板面区，板面区沿 U 形深水沟的一侧垒有高为 25 cm、宽为 25 cm 的土埂，板面区的水位为 40 cm。

二、亲本虾投放

于每年 10 月 20 日左右，按每亩稻田投放亲本虾 2.5 kg 比例投放 30 g/尾的亲本虾。按照三次喷淋田水、四周多点放虾、小龙虾自行入水的方法投放于稻田板面区内。亲本虾的雌雄比例为 2∶1。

三、建立稻田综合种养生态系统

于次年 4 月 15 日水稻秧苗移栽前 45 d，在 U 形深水沟内栽种伊乐藻、苦草与轮叶黑藻，使其覆盖率达 65%；4 月 30 日后按每亩稻田投放活螺蛳 45 kg 的比例向稻田投放活螺蛳；再于水稻抽穗扬花前(5 月 17 日)每亩施 EM 菌活菌液 20 kg，形成以水草、水稻、螺蛳、EM 菌和水草、水稻根部微生物构建成的小龙虾生存生态系统。所述 EM 菌活菌液的制备方法是：将 EM 菌培养基 1.5 kg、红糖 2.0 kg、EM 菌种 0.12 kg 与水 124 L 在容器中混合均匀后，在温度为 30℃下发酵培养 5 d 得 EM 菌活菌液。

四、小龙虾越冬管理

加水一步到位，保持板面区的水位稳定在 40 cm；避免其因多次打洞消耗体力而促进小龙虾生长。

五、诱导小龙虾摄食水稻的稻花

在水稻抽穗扬花期内(7 月 30 日至 8 月 25 日)，每天傍晚往稻田加灌新鲜水，第一次加灌的新鲜水使其刚好漫过板田区表面，以后每隔 3 d 给稻田灌水量达到 3 cm，使小龙虾摄食水面上的稻花。

六、成品小龙虾捕捞

在水稻扬花期结束 3 d 后(8 月 28 日)，用地笼隔日捕捞成品小龙虾，平均每亩稻田产稻花香小龙虾 125 kg。

采用稻田综合种养生态系统，诱导小龙虾摄食水稻的稻花，形成食物链，使水生植物、螺蛳和水稻稻花聚集在小龙虾体内，从而增强小龙虾的免疫力，并显著提高小龙虾的营养价值，虾膏具有一种特殊的稻花香味，增强其食用价值；同时，不投喂人工饲料，全靠稻田生态系统提供的天然饵料，商品小龙虾品质优良，并实现了稻田物质的循环利用，减少稻田排放，生态效益良好。

第七节　稻田套养蟾蜍技术

蟾蜍是一种药用动物，从蟾蜍上提取的蟾衣和蟾酥药用价值极高，因此养殖蟾蜍的经济效益较好。在稻田中套养蟾蜍，可以利用蟾蜍消灭稻田里的害虫，减少化学农药的使用，提高稻米质量；稻田的环境湿润，茂盛的稻株为蟾蜍遮阳，形成有利于蟾蜍生长的田间小环境，两者可以优势互补。稻田套养蟾蜍是一种高效套养技术，利用本技术方法不仅可大幅提高蟾蜍的产量，还可以减少土地、池塘等资源投入，减少饲料成本。

一、田池设置

选择较僻静、排灌方便的田块。在稻田的四周用 0.8 m 高的尼龙密网把稻田围起，围埂内宽 1.5 m，便于蟾蜍上岸活动，并在进出水口设置网片，防止蟾蜍外逃。在稻田紧靠埂一边另挖一个小池塘，用于饲养小蝌蚪，池塘面积不少于稻田总面积的 1/6。如果养殖稻田过大，可分设若干个小塘，池塘水深在 40 cm，并在塘的上空架设直径 1 cm 的注水管，在埂的任意边设出水口，用聚丙烯网片围起，网目以 60 个/cm^2 为宜。

二、蝌蚪放养

首先用生石灰 15 kg 对小池塘进行干法清塘，7 d 后注水，在池塘加入发酵后的有机肥 100 kg，5 d 后蝌蚪入塘，放养时选择无伤、健壮、规格整齐的蝌蚪，经 1.5%的食盐水消毒后，每亩稻田按 6 000～8 000 尾投放。

三、蟾池管理

小池塘在保证微流水的同时，保持水质在剩余饵料作用下不会恶化即可。小蝌蚪在投喂时以多次少量为宜，喂以浮性粉状自配饲料，直到变态。幼蟾变态收尾后，在小塘中央设立底部为钢丝网的圆形饵料台，每天投活饵（蚯蚓、蝇蛆等）以及浮性颗粒料，同时在投喂时从注水管中加水，制动浮性颗粒料，进行幼蟾摄食驯养。刚开始时，活饵料所占比例较大，随后逐渐减少，在幼蟾有定点摄食习惯后，可以把小池塘的网围打开，把幼蟾放入稻田自由觅食。

四、田间管理

幼蟾进入稻田后，先期保持田间水质较清爽。在炎热夏季，田间要经常灌“跑马水”来调节水温与水质。另外水稻发生病害时，喷洒农药要选择晴天，喷口朝上，雾花要细，尽量不致药物下沉。一旦田间药物沉积过浓，立即注水调节。一般情况下，不需要施用农药，因为蟾蜍有捕捉害虫能力。幼蟾在田间要防止其天敌蛇、鹰等侵害。

五、收获

蟾蜍一般自然条件下不会发病，但要注意机械性碰伤，造成外伤感染。所以在抓捕时要特别注意，只能用布兜来抓捕。从幼蟾放入稻田后两个月，以后每月筛选一次捕大留小，捕出后置于专用的养殖池，以便采集蟾衣、蟾酥，或者出售。

第八节 有机稻田套养水蛭技术

水蛭是我国传统的特种药用水生动物，是《中国药典》收录的中药材之一。其干制品炮制后中医入药，具有治疗中风、高血压、闭经、跌打损伤，清瘀等功效，是目前疏血通、脑血康等众多治疗心脑血管疾病中成药的主要原料。随着现代医学对水蛭研究的不断深入和发展，近年来发现水蛭制剂在抗癌方面具有特效。因此，其药用价值日益提高，水蛭已成为世界性的紧俏中药材之一。因近年农药、化肥等滥用及工农业“三废”(废气、废水、废渣)对环境的污染，野生自然资源锐减；随着水蛭药用价值的深度开发，其国内外市场需求潜力巨大。有机稻田套养水蛭，在充分发挥有机稻田生态功能基础上，符合水蛭回归自然和可持续发展理念，降低饲养成本，而且能提高水蛭的产量和品质，经济效益大幅度增加。

一、有机稻田的挑选与管理

选择水源充足、保水力强、天旱不干、洪水不淹、环境安静的稻田为养殖稻田，稻田内没有水蛭的天敌。

稻田施入有机肥，在水稻后期管理期间，使用生物农药；稻田用洁水灌溉，养殖用水经过过滤处理，随时调节稻田中的水质和含氧量，控制有机稻田水质清洁无污染，防止水质恶化；在稻田中央开挖“井”字形水沟；稻田水沟面积占稻田总面积的 4%～6%，由田面向下挖水沟，深 50 cm，宽 30 cm。在田埂四周设置防止水蛭逃逸和外来天敌侵害的水蛭防逃网(水蛭防逃网的宽度为 1.2 m，采用标准 28 目的网布，网上端盖有塑料薄膜)。稻田水层保持在 14～16 cm，稻田水体 pH 在 6～7 之间，水温保持在 15～30℃之间，溶氧量大于 5 mg/L。在稻田相对两角的田埂上选择进、排水口，并在进、排水口处设置水蛭防逃网。

二、水蛭苗种的挑选

将明显受伤的、不活跃的水蛭幼苗剔除，并选出体重为 0.15～0.22 g/条的水蛭幼苗，或者自然情况下体长为 1.5～2 cm 的水蛭幼苗。将选出的水蛭苗种按 2 万头/亩投放入有机稻田里。

三、水蛭饵料的投放

在一定时间内将一定饵料投放入有机稻田里。投饵量为40 kg/(亩·周)。

四、水蛭疾病防控

使用0.2%土霉素或0.4%磺胺咪唑拌料投喂水蛭,以防治干枯病和肠胃炎,并采用酵母片或增加含钙食物提高水蛭的抗病能力。

有机稻田套养水蛭,不但能够提高单位土地面积的经济效益,而且能确保水蛭的质量。与现有技术中集约化养殖相比,选择2万头/亩的水蛭养殖密度及40 kg/(亩·周)的投饵量的最佳组合,可以比现有技术中集约化养殖成本降低两倍左右;同时可使水蛭幼苗在稻田里的成活率高达87%以上,收获水蛭干品达到67 kg/亩,按目前市场价800元/kg计,扣除养殖成本,每亩有机稻田可增加收入3.5万~3.8万元。

第三章

藕田立体种养模式与实用技术

藕,又叫莲、荷,古称芙蓉、菡萏、芙蕖等,为多年生宿根草本植物。莲藕以膨大根状茎及其果实莲子供食用,营养价值丰富,深受群众喜爱。同时,莲藕具有很好的药用价值,其全身各个部分均可入药。莲藕生用,具有凉血、散瘀之功,治热病烦渴、吐血、热淋等;熟用能益血、止泻,还能健脾、开胃。另外,莲藕还具有较高的观赏价值和文化价值,荷花一直是高洁品性的象征。

藕田立体种养模式与实用技术彩图

我国是莲藕的原产地,有着 3 000 余年的种植历史。目前,莲藕在我国栽培面积很大,达几十万公顷,是种植面积最大的一种水生蔬菜,也是我国主要出口创汇型蔬菜之一。近年来,随着农业产业结构的不断调整,一些湖荡、洼地易涝区改藕田现象比较普遍。而这些洼田湿地资源的开发利用,也使得莲藕生产得到更快的发展。

第一节 藕田套养龙虾生态种养技术

近几年，在藕田试验套养小龙虾复合种养模式，取得了显著的生态效益和经济效益。实践证明，充分利用种藕田块的水体空间套养小龙虾(图 3-1)，藕田中的水草、生物饵料可作为小龙虾的天然饲料，既起到了为藕田生态除草的作用，又提高了藕田的利用率，小龙虾的排泄物还为藕田增加了有机肥料，实现了良性循环。现将这一实用技术介绍如下：

图 3-1 藕田套养龙虾模式

一、藕田条件与田间工程建设

(一)藕田条件

选择地势低洼，保水性能好，光照充足，土壤 pH 6～7，田地平坦的地块，每片藕田面积在 100 亩左右。

(二)水源、水质

要求水源充足,上游无污染源,水质良好,各项指标符合《无公害食品 淡水养殖用水水质》(NY 5051—2001)标准。

(三)进排水系统

在田块的一端一角建进水口,设置机泵抽水入田,并用密眼网袋套住进水管,防止野杂鱼虾随水进入;在进水口对角田块的另一端环沟底部建出水口,安装竹箔、铁丝网等防逃设施,防止小龙虾逃逸。达到排灌畅通、枯水能灌、丰水能排。

(四)开挖虾沟

在藕田四周离田埂 5 m 以外处开挖环沟,沟宽 3～5 m,深 0.6～1 m,坡比 1∶(3～4);田中开挖"田"字形或"目"字形虾沟,沟宽 0.5～0.6 m、深 0.3～0.5 m。开挖出来的泥土用于加固加高田埂并夯实。

(五)设置防逃设施

藕田田埂内侧用硬质塑料板、密眼聚乙烯网布或石棉瓦等材料围拦成防逃设施,埋入土中 0.5 m 深,地面露出 0.5 m 以上,用木、竹桩固定。

二、种养殖时间节点

(一)莲藕种植

莲藕在 4 月底 5 月初栽种,藕种一次栽种后可连续 7～10 年不再下种。平均气温上升到 15℃时,莲藕开始萌动,长江中下游地区一般 4 月上旬莲藕开始萌动长出浮叶,5 月中旬抽生立叶,9 月份莲藕长成,10 月下旬至翌年 3 月为藕的越冬休眠期。

(二)小龙虾养殖

种虾放养时间在 8 月底至 10 月中旬,一般 10 月份即进行交配抱卵、打洞越冬，翌年 2～3 月份仔虾出洞进入藕田摄食生长，3 月中旬开始用地笼张捕达到上市规格的小龙虾上市。有人工繁育虾苗的地区，3 月份开始投放幼虾。

三、莲藕栽培管理

(一)选择种藕

选择适合当地土壤、气候、温度等条件栽培的优良品种作种藕，种藕最好是有 4 节以上，子藕、孙藕齐全的全藕。要求种藕粗壮、芽旺、无病虫害、无损伤。

(二)合理密植

莲藕种植密度与成熟期、产量有密切关系，必须适当密植。一般在谷雨前后下藕种，亩用藕种 400～750 kg(小藕种亩用种 400～600 kg，大藕种亩用种 600～750 kg)，藕种要埋入土中，藕尖向里，不能露出土面。下藕种时最好用多菌灵浸种 20～30 min。

(三)藕田用药

当小龙虾大量捕捞结束后(一般 5 月 10 日前后)，在藕冒青之前分别用杜邦康宽、菊酯类药物人工喷雾 1 次防治腐败病、叶枯病、叶斑病等病害；主要虫害有缢管蚜、潜叶摇蚊、斜纹夜蛾等，可用生物防治和选用对口无公害农药进行综合防治。

(四)适时追肥

藕的生长期长，需肥多，应坚持基肥与追肥并重的原则，除每亩施人畜粪肥 1 500～2 500 kg 做基肥外，6 月份每亩施优质复合肥 50 kg，7 月份每亩施尿素 50～75 kg，采取分次或划格的方法施肥。

(五)调控水位

藕田水层管理总的原则是前浅、中深、后浅,萌芽生长期水层宜浅,以 4~7 cm 为好;茎叶旺盛生长期水层要深一些,以 12~15 cm 为好;结藕期水层宜浅,以 4~7 cm 为好。

(六)适时采收

在藕终止叶(终止叶的叶背呈微红色)出现后,基部立叶的边缘开始枯黄时,表明藕已充分成熟,即可采挖上市。

四、小龙虾的饲养管理

(一)虾种放养

虾种放养有多种方式:其一,放养亲虾。直接从养殖池塘或天然水域捕捞的成虾中挑选,时间在 8 月底至 10 月中旬,亩放养规格为每千克 20~30 只的小龙虾 2~3 kg,雌雄比例为(2~3)∶1,最好异地选购雌雄虾,防止近亲交配。其二,放养幼虾。选择养殖的优质小龙虾为虾种,规格 60~80 尾/kg,时间在 7 月底前,亩放养量 1~2 kg,放养后人工投喂螺蚬蚌肉、小杂鱼和配合饲料进行强化培育,让其长成亲虾交配后入穴越冬。其三,放养虾苗。有人工繁育虾苗的地区,3 月份每亩投放规格 2~3 cm 的幼虾 1 万~3 万尾。

(二)饲料投喂

小龙虾的饲料有米糠、豆饼、麸皮、小杂鱼、螺蚬蚌肉、蚕蛹、蚯蚓、屠宰场下脚料或配合饲料等。投饲量依藕田中天然饵料的多少与小龙虾的放养密度而定。投喂饲料遵守“早开食,开头少,中间多,后期少”的原则。当水温达到 22℃时,一般每天投喂 2~3 次,时间在上午 9~10 时和日落前后或夜间,日投饲量为虾体重的 5%~8%。饵料投在靠近环沟、水位较浅和小龙虾集中的区域,以利其摄食和方便检查吃食情况。有条件的最好安装频振式杀虫灯,不仅可以杀死田间害虫,减少农药用量,杀死的虫子还可以供小龙虾食用。

(三)虾病防治

藕田生态环境较好,小龙虾一般很少暴发疾病,但仍要坚持"预防为主,防重于治"的原则。虾种放养时要进行虾体消毒,可用浓度为3%左右的食盐溶液浸浴虾体3~5 min。小龙虾生长期间每隔15~20 d使用1次生石灰泼洒消毒,每次每亩用10~15 kg,可改善藕田水质,还能增加水中钙离子含量,促进小龙虾蜕壳生长。虾种放养后和小龙虾捕捞前20 d,各使用1次防治小龙虾纤毛虫病的药物。投喂的饲料要求新鲜、不变质,定期在饲料中添加一定量的大蒜素、复合维生素等药物,连续3~5 d,以预防小龙虾黑鳃病及细菌性疾病。

(四)小龙虾捕捞

根据小龙虾生长情况和市场行情,从3月份开始用地笼捕获小龙虾上市(地笼的网眼要定制,采取捕大留小的方法),直至5月初要将大部分小龙虾捕尽,将极少部分小龙虾赶到四周环沟中。因藕田要用药物杀灭土壤中的地蛆,对小龙虾威胁较大,同时,因5月初莲藕冒青,小龙虾会将藕的嫩叶等夹掉。

第二节 藕田套养泥鳅技术

在藕田中套养泥鳅是迅速提高经济效益的一种生产模式(图3-2),不仅可以增加藕的产量,还能提高泥鳅的养殖效率,是增加收入、提高藕田使用率的高效办法,同时也能促进藕池水生态环境的平衡。

图 3-2　藕田套养泥鳅模式

一、藕田建设

藕田要选在阳光充足的位置，地势平坦，排灌水方便，保水性好，能防洪防涝。藕田四周需加高加固，田深控制在 50～60 cm，水深控制在 20～30 cm，并在进出水口设置防逃网，以防泥鳅外逃。用水泥板立在田埂壁上，水泥板缝要用水泥封好，无水泥板可用厚一点的塑料膜代替。根据藕田的大小，栽种藕前要先在田中开挖一字形、十字形或井字形的田沟，沟的宽、深控制在 30～40 cm。另外，需在田埂的四周或一边挖一个或多个 1.0～1.5 m^3 的水坑，水坑要与田沟相通，主要是为了采藕时不惊动泥鳅，以及收获泥鳅上市时方便操作。

二、藕田消毒

将藕田水深控制在 10 cm 左右，生石灰按 60 kg/亩化浆后趁热搅拌，全田泼洒，也可以用漂白粉 15 kg/亩或强氯精 5 kg/亩溶水后全田泼洒，必须使用塑料制品溶解上述消毒剂。消毒 5～7 d 后进行换水，换水后注入新水可放试水鱼，以检测田水的毒性是否消失。试水鱼可选择白鲢或花鲢，试水鱼生活正常说明水质已经达标。

三、莲藕种植

春季下藕种一般需在气温回升到 15℃以上，藕池 10 cm 深处地温达 12℃以上时栽植。种藕种植前 15～20 d，每亩施人粪尿肥 800～1 000 kg，将肥料撒匀，并将池底泥耕翻耙平，然后每亩用 80～100 kg 生石灰常规消毒。要选择新鲜、粗壮、芽旺、节细、根须完整、无病伤、3 节以上的完整藕种，每亩用藕种 250～300 kg。藕种植完毕，藕池蓄水 10 cm 深，进水口用 30 目筛绢过滤，防止野杂鱼进入。

四、泥鳅放养

待藕长出 2 片立叶，同时水温稳定在 20℃以上时，即可放养泥鳅。在泥鳅放养前 1 周，每亩追施发酵的鸡粪、猪粪、牛粪等有机肥 150～200 kg，过磷酸钙 15～20 kg，以培肥水质，同时加注新水，使水位达到 30 cm。投放时间在清明节前后，每亩投放泥鳅 2 万尾。种苗要选择使用符合国家无公害苗种生产技术操作规程的规格齐整、体质健壮的泥鳅种，入池前用 3%的食盐水浸泡 5～10 min，消毒防病。

五、泥鳅饵料管理

(一)饵料选择

泥鳅是杂食性鱼类，水中的小型动植物、微生物及有机碎屑等，都是其喜欢吃的食物。人工养殖可直接投喂水生昆虫、黄粉虫、蚯蚓、蛆虫、河蚌、螺蛳、鱼粉、野杂鱼肉及畜禽下脚料等，也可投喂人工配合饲料。泥鳅喜欢夜间觅食，因此应早晚各投喂一次。养殖前期通常按鱼体重的3%～4%投喂，中期按鱼体重的4%～6%投喂，后期可适当减少配合饲料的投喂量。

(二)饵料投喂

泥鳅投饵要坚持四定（定质、定时、定量、定位）原则，阴雨、闷热天气适当减少投饵量，每天要坚持巡田一周，发现问题要及时处理，例如田埂有漏洞、漏水、死鱼等都应快速处理，并保持池水嫩绿色。每隔15 d用生石灰或漂白粉等消毒液消毒一次。藕田的施肥多以基肥为主，少用化肥，农药应选择高效低毒的产品，而且对泥鳅无害。定期换水，每次换水20%～30%即可。

六、藕田管理

(一)水质调控

随着夏季气温的不断升高，在不影响藕生长的情况下，要尽可能及时加注新水，6月初水位达到最高（30～50 cm）。7～9月份每星期换水1次，每次换水10 cm。每亩用4 kg生石灰化水全池泼洒，用以调节水质和消毒防病。

(二)捕捞收获

10月上旬开始对藕池泥鳅进行起捕，连续进行多天后，池中泥鳅起捕率可达到90%以上。待泥鳅捕完后，开始采收藕，时间一般是在10月底。这种生态种养模式取得藕和泥鳅双增产，获得了较高的经济效益和较好的社会效益。年均亩产藕3 200 kg，亩产泥鳅近400 kg，泥鳅平均规格达到24 g/尾，成活率80%以上，年均每亩产值1.7万元，纯收入可达1.1万元。

第三节 藕田套养美国青蛙技术

美国青蛙个体较牛蛙小,脑袋稍尖,食性比牛蛙更易驯化,适应性广,四肢发达,性情温驯,抗病力强,易管理,易饲养。由于藕田虫害较多,水生生物丰富,适于蛙类生活和生长。藕田养蛙(图3-3)优势在于,不多占农田,不多耗水,而且蛙又能为藕田治虫,节约农药。

图 3-3 藕田套养美国青蛙模式

一、藕田选择

藕田选择应忌高山夹冲,要求水源充足,水质良好,排灌方便,保水性好,面积大小均可。

二、藕田建造

要求田坎结实,要有坡度,让蛙能爬上田坎照晒。藕田四周挖掘深 60 cm、宽 1～1.5 m 的保护沟,以便缺水时为蛙、鱼提供一个庇护场所和饲料投喂场地。

藕田四周设置防逃墙，可用塑料网布、竹排、铁丝网、石棉瓦、泥土和砖块砌成 1 m 高，如是塑料网布、竹排、铁丝网、石棉瓦要埋入地下 10～15 cm。进排水口用纱网罩住，以防止蛙、蝌蚪和鱼逃逸。

三、藕田消毒

藕田建造好后，水深 10 cm，每亩用生石灰 50～100 kg 化水，趁热搅拌，全池泼洒，第二天用铁耙耙一遍，使生石灰充分分解，既杀死细菌，又改良水质和底质，1 周后换水，投放蛙苗。或者用漂白粉，每立方米水体 7 g，用木盆化水，全池泼洒，5 d 以后换水，投放蛙苗。

四、种苗投放

每亩藕田放养 40～50 g 的幼蛙 2 000～3 000 只。要求选择无病伤、健康的幼蛙，个体规格一致，以免大蛙吃小蛙，同时还可以套养少量的草鱼、鲤、鲢、鲫。

五、饲养管理

（一）饲养技术

幼蛙生长发育适宜的水温为 20～25℃。幼蛙投放藕田后很快适应环境，这时需投喂少量食物，如小鱼虾、蚯蚓或切成小块的猪肺、牛肺等动物性下脚料，或漂浮性配合饲料，定时、定位、定量撒在保护沟的水面上或食台上。每次投喂的饲料以在 1 h 内吃完为度。随着蛙的生长，不同时期投喂定量为：初期为幼蛙体重的 5%～10%，后期（即成蛙）应为 10%～15%。日喂 1～2 次，上午 9～10 时，下午 4～5 时，以下午为主，一般占全天投饵量的 60%～70%，晴天多喂，阴天少喂，雨天不喂。如每亩投放 1 000 只蛙，靠藕田中的昆虫和水生生物类即可以满足蛙、鱼的生长。还可以在藕田装置黑光灯诱虫喂蛙。

(二)管理要点

水深保持在 15～35 cm。每天早晚坚持巡查围栏是否破损、严密,以防止蛙逃逸及敌害进入,如发现问题要及时修补。藕田在栽植藕之前施足底肥,慎施农药或不施农药,因藕田害虫少,蛙投放藕田后,能捕食大量昆虫,一般不需喷施化肥、农药。发现蛇、鼠、鸟之类敌害,要及时驱赶捕捉。

(三)疾病预防

保持水质清洁,每隔 7～10 d 换 1 次水,每次换水 1/3～1/2。经常清扫食台,清除残饵,晾晒食盘。定期用漂白粉或其他消毒剂消毒杀菌。

六、收获

从蝌蚪变态成幼蛙之日起,肉用蛙饲养 3 个月,当成蛙体重达到 350 g 左右即可收获,此时的青蛙食用最好。与此同时,挑选出种蛙。

第四节　藕田养殖河蟹技术

在藕田中养蟹,藕田不仅给河蟹提供了适宜的生活、生长环境,也给其提供了饵料生物,同时,对莲藕来说也是有利的,表现在:一是河蟹可吃掉田中部分杂草和害虫,起到人工除草和生物治虫的作用;二是河蟹爬行运动和摄取底栖生物的活动起到松动泥土的作用,促进了莲藕整个植株的生长;三是河蟹排出的粪便含有氮、磷、钾等肥分,起到了增肥的作用。总之,藕田养蟹具有藕、蟹互利共生的特点。为使河蟹在藕田里能快速生长,在饲养期内达到商品规格，获取较高的回捕率，必须扎实做好以下几项工作。

一、藕田选择

养殖河蟹应选择环境安静、光照和水源充足、水质清新无污染、排灌方便、不受暴雨和洪水影响的藕田，以成片较平坦的水田最佳。田块应选择交通便利、管理方便的地方。选择黏质土的水田，对保水和防止河蟹掘洞逃逸均有利。每处水田面积要求做成5～10亩。尽量选择有机质较为丰富的水田，对藕和水草生长极为有利。

二、藕田建设

（一）挖蟹沟

沿着田埂内侧的四周挖环沟，中间挖成十或井字形蟹沟，沟深1 m、宽2 m，田埂距环沟2 m。沟底挖起的土用于加高田埂至50～100 cm。十字形沟挖起的土直接放在沟边缘，略作修整，以防泥土滑回沟底。

（二）进排水系统

进排水口设置在沟底，要预埋好排水管，用于平时换水或清池用，离埂面20 cm左右再埋1根排水管，防止水满溢出田面。进水口的设置应与出水口呈对角，并在水管口固定好铁丝网，防止敌害生物从管口进入和河蟹逃跑。

（三）防逃设施

在水田四周用80C（塑料薄膜厚度单位“丝”）双层塑料薄膜圈围防逃墙，具体做法是每隔1.5 m固定1根木桩作为支撑架，塑料薄膜对折的一边用尼龙绳穿过，将农膜吊起，另一边沿着木桩埋入土中30 cm左右，并用土夯实压牢，尼龙绳吊起的一边用铁丝在木桩上固定。圈围防逃墙的过程中需注意:围的高度应为60 cm左右,农膜应在迎水面一边,而支撑架是在外围,拐弯处应围成圆弧形,这样可以防止河蟹从支撑架和农膜拐角处逃逸。

三、放养前的准备工作

(一)清田消毒

在放养蟹苗前必须对水田进行彻底消毒,清除敌害生物。方法是:往田内灌些水(以能淹没整个田面为宜),选择晴天用生石灰100 kg/亩泡成乳液全田泼洒。消毒过后,应抓紧时间用农膜圈围好养殖水面。

(二)种植水草

在藕田养蟹中,种植水草很重要,它既是河蟹栖息、觅食、避敌和蜕壳的场所,又是食物中维生素、粗纤维和矿物质的重要来源,另外,它还能释放氧气,吸收多余或有害物质,对调节、净化、稳定和改善底层水质有十分重要的作用。移植水草时要注意:水草品种要多样化,尽量让田中长着各种类型水草,如挺水植物水花生、浮叶植物浮萍、沉水植物苦草和轮叶黑藻等;水草面积要占田面的1/2;各种水草要稀疏、匀称、相互混杂分布在池边浅水处,池中间不移植水草,以免分散河蟹而影响田边投喂时集中摄食。

(三)投放螺蛳

种植水草后,投放螺蛳100~150 kg/亩。

(四)藕的栽植

藕可以适当稀栽,一般栽植行距为3~5 m,株距为1~3 m。要施足基肥,一般施用经过发酵的人畜粪肥2 500~3 000 kg/亩或绿肥3 500~4 000 kg/亩,对藕和水草的生长均有利。

四、苗种放养

(一)苗种选择

有良好的蟹种才能培育出优质的商品蟹,对蟹种的选择应注意品种和质量,嘉兴当地饲养长江水系的苗种是最好的选择,它个体大,生长快,形体优美,肉质好,深受各地消费者喜爱。质量较好的蟹苗,抓在手里感觉爬动有力,松开手很快逃开,蟹苗群体中无丰年虫、残渣剩饵等污物,用肉眼看颜色一致,均呈深黄色,无黑色个体,个体规格基本一致,这样的蟹苗或蟹种放入藕田中饲养才能达到较高的成活率。

(二)放养规格与放养时间

藕田养殖商品蟹,以放养1龄大规格蟹种为好,成活率高,养成的商品蟹规格大,1龄蟹一般在春季水温上升到15℃左右时放养。也可放养当年早繁的经塑料大棚控温培育而成的V期幼蟹,放养此种蟹投资少、成本低、产量高,但不足之处是养成规格偏小,价格低,V期幼蟹一般在5月中旬放养。

(三)放养密度与放养方法

越冬的1龄蟹种藕田可放养1 000只/亩,若放养控温早育的V期幼蟹,密度可增大至1 500～2 000只/亩。蟹种放养时,要用3%～4%食盐水浸浴5～8 min。放养时,应将蟹种放到沟边上,让其自行爬入沟中,并进行多点投放。

五、饲养管理

(一)水质管理

藕田保持适当的水位、调节好水质是藕田养蟹最为重要的管理措施之一。春季水位应保持在10 cm左右,并坚持每周换水1次;夏季,为防止高温应将田内水位加深到30～100 cm,坚持每周换水2～3次。

(二)饲料投喂

饲料投喂直接关系到河蟹的蜕壳快慢、蜕壳频率以及蜕壳后身体增长幅度,也就直接影响到其生长。藕田饲养成蟹,饲料投喂应遵循"四定"(定质、定时、定量、定位)的原则。饲料要求新鲜、适口、蟹喜食、营养价值高,河蟹可食用的饲料种类很多,可分为动物性、植物性饵料和配合饲料,其中,动物性饵料生物有小杂鱼、小虾、蚕蛹、蚯蚓、蚌肉、鱼粉、血粉等,植物性饵料有水草、浮萍、瓜类等。不投腐烂变质和粉状饲料,应投喂小块状或煮熟的麦粒、黄豆、玉米等,配合饲料必须制成颗粒状。

(三)消毒补钙

在河蟹的饲养过程中,应坚持每隔半个月用 20 mg/L 生石灰化浆后全田泼洒,以杀灭藕田中的病菌,改善和调节水质,补充水体中河蟹所需的钙质营养。生石灰也是藕的肥料,施入后使过于松软的沤泥变得坚实一些,有利于莲藕的生长。

六、蟹藕的收获

利用河蟹生殖洄游的习性,适时捕捞河蟹。在出水口安置好捕捞网,白天进水,晚上排水,几进几出可捕获大部分成蟹。待捕完蟹之后,再排干水挖藕上市,如觉得藕长得偏小,可以留到翌年初当成藕种销售,其价格很好。

第五节 藕田套养黑鱼技术

为了充分利用藕田资源,近些年来,不少地区开始探索发展莲藕种植与水产品养殖相结合的综合种养模式。藕田水体大,蓄水期长,养鱼条件相比稻田更为优越。藕田养鱼,可以充分利用藕田的土地、水体、光热、饵料生物等自然资源,进行立体生产,莲鱼结合，以鱼促莲，以达到莲鱼双丰收的目的，并收到良好的生态效益和社会效益，因此也是今后一个时期所大力提倡和推广的。目前，从全国各地的探索试验看，藕田中可养殖的水产品涵盖鱼、鳖、虾、蟹、蛙等多种类别，模式众多。

黑鱼，学名乌鳢，为凶猛的肉食性鱼类，其生长快、生活力强，可在水质污浊甚至不适宜养其他鱼类的水域中生长。黑鱼肉质好，无肌间刺，具有去瘀生津、生肌补血、滋补调养、利尿祛风、促进伤口愈合等功效，因此市场需求量很大，全国养殖面积也在不断扩大。但是随着饲料、人工等费用的上涨，养殖黑鱼的效益却并没有相继上涨。这几年，黑鱼的价格反而在不断下滑中。因此，传统黑鱼养殖也面临着诸多挑战，需要从育种、养殖模式创新等多方面入手对黑鱼养殖进行改善、调整，藕田养殖黑鱼模式也就应运而生。

一、藕田的选择及改建

藕田由坑塘洼地或者直接由低洼的水稻田进行改造而来，这类田块地势低，种植其他一般非水生作物易受涝，往往不能正常收获产量，损失较大，且这类农田保水、保肥能力都比较强，比较适宜于发展藕田养鱼。田块面积不宜太小，4～8 亩为宜。藕田选址选好后，在藕田四周开挖一条宽 1～1.4 m、深 1～1.4 m 的围沟。在投喂区域处，则适当将围沟加宽至 3～5 m，以利于黑鱼摄食。另外，再在中间挖一条宽 0.6～1 m、深 0.6～1 m、两头贯通的十字交叉形鱼沟。在放养鱼种前对鱼沟泼洒生石灰消毒。另外，对田埂进行加固或者硬化，使田埂高出藕田最高水面 0.4～0.6 m。同时，在藕田进水口及排水口处安装拦鱼网，以防黑鱼逃逸。除此之外，还应设置溢水口，以保持所需水位并在暴雨时将藕田内多余积水排出。藕田改造好后，每亩施 230～270 kg 的有机肥。

二、藕种栽培

选择新鲜、无伤、无断芽的藕种，于 4 月上旬定植。均匀种植，藕种行株距为(1.5～2.0) m×(0.8～1.0) m，四周边距离鱼沟 1.3～1.7 m。每亩用种量为 280～320 kg，栽植深度在 10～15 cm。

栽植时藕芽应朝向田内，藕头压实，然后放水、灌水，种藕后 10 d 保持 8～12 cm 的浅水位，以利提高水温，促进发芽；以后随着气温的升高及藕、鱼生长，逐渐加深水位到 40～50 cm 或以上。结藕期保持水深 35～40 cm，以后逐渐降低水位至 10～15 cm。

三、鱼种放养

待莲藕栽植后放养鱼种，每亩放养规格为 125 g 的黑鱼苗 1.5 万尾。放养的鱼苗应体质健壮、无病无伤，在放养时用 20 mg/L 高锰酸钾溶液浸浴 20 min 进行消毒。黑鱼养殖过程中主要投喂人工配合饲料，同时辅以一定量的动物性活饵。

四、日常管理

黑鱼养殖期间应注意勤注、换新水，特别是夏季黑鱼摄食旺盛期。坚持科学投饲是黑鱼混养取得高产、低耗、生态、增效的关键环节，主要根据天气、水温和生长情况灵活掌握，确保无饲料浪费，提高饵料利用率。做好黑鱼病害防治。坚持“防重于治，防治结合”的原则，从改善环境和提高机体免疫力入手采取多种措施预防病害发生。对养殖过程中发现的病死水产品及时清除并进行集中无害化处理。

莲藕栽种过程中全程可不施肥，黑鱼排泄物及残饵即可作为莲藕生长所需的优良肥料。若莲藕长势不好，可施追肥 1～2 次，追肥量宜少不宜多。另外藕塘套养黑鱼后，莲藕病虫害减少，全程无须喷农药。

五、收获

捕捞时，逐步将藕田内水放干，使黑鱼集中到鱼沟内，然后进行捕捞，最后对藕田搜索一遍，将钻进底泥的黑鱼捞起。

将莲藕种植和黑鱼养殖有机结合起来，充分利用空间、土地资源和水资源，实现了特色农产品生产、生态循环改良水质和美丽乡村建设三者的有机结合。套养方法中所述的黑鱼规格、密度等均是经过大量、非有限次对比试验筛选得出的较为合适的数据，可在保证莲藕生长的同时，获得较大的经济效益。另外，藕塘养殖黑鱼有利于减少莲藕病虫害。同时黑鱼排泄物和残饵为莲藕生长提供了充足的肥料，降低了农业成本、实现了农民增收，是资源节约型、环境友好型的可持续发展的生态农业。

第六节　藕田套养甲鱼技术

甲鱼，学名鳖，俗称水鱼、团鱼和王八等，是一种卵生爬行动物，水陆两栖生活，甲壳边缘呈柔软状裙边，颜色墨绿。甲鱼肉性平、味甘，归肝经。具有滋阴凉血、补益调中、补肾健骨、散结消痞等作用。可防治身虚体弱、肝脾肿大、肺结核等症，也可降低血胆固醇，对高血压、冠心病具有一定的辅助疗效。莲藕与甲鱼的套养方法，一方面可以提高水资源、土地资源的利用率和产出率，另一方面在水产养殖和蔬果种植之间营造了一种互利互惠的关系。甲鱼养殖会产生残饵、粪便沉积，使池塘水、底泥中含有大量有机质，这些有机物会影响水质和水中的含氧量，从而会影响甲鱼的生长，但在养殖池塘里种上莲藕后，莲藕可以吸收有机质，使得水质变清，减少了甲鱼病害的发生，更加利于甲鱼的生长，也利于莲藕的生长。

一、藕田选择

选择光照好、地势平坦、灌溉方便、保水性好、抗洪涝灾害的田块作为莲藕田。

二、藕田修整

藕田面积为4亩，藕田深度1.2 m，田埂周围铺设100目的网，藕田建成后挖松田底泥土15 cm深，藕田上建立2个食台和3个晒台，且食台和晒台露出水面6 cm，晒台的面积为3 m^2，分散于养殖藕田中。

三、莲藕栽培

水深控制25 cm，泼洒有机肥（鸡粪34份、鸭粪26份、稻谷秸秆6份、木薯渣8份和草木灰12份）1.2 t/亩，选择优质藕苗插植，莲藕的种植面积为藕田面积的1/3。

四、甲鱼放养

选取120 g甲鱼幼苗，于5月份进行放养为宜，每亩放入甲鱼幼苗900只，苗种下田前将甲鱼幼苗放4%食盐水中浸洗7 min消毒处理。

五、养殖过程管理

在常温环境下养殖，向藕田投喂饲料，第一年莲藕和甲鱼都不捞起，第二年将莲藕和甲鱼一起收获，清藕田后甲鱼也可以换入清水池塘继续再养殖。按照此方法所得莲藕出产量为每亩5 500 kg，甲鱼的产量为每亩3 800 kg。

第七节　藕田套养日本水蛭技术

日本水蛭是《中国药典》收载的唯一吸血性水蛭品种，药效极强，含有世界上最强的天然抗凝药物——水蛭素，是我国活血化瘀中药中的经典。日本水蛭在活血化瘀、通经、抗癌方面均有独特的疗效，导致日本水蛭药材供不应求，然而掠夺性开发，加上化肥、农药的广泛使用，促使日本水蛭野生资源日益枯竭。日本水蛭跟普通水蛭明显不同，日本水蛭个体比普通水蛭小很多，普通水蛭以捕食螺类为生，而日本水蛭可取食饲料。因此，已有的水蛭技术成果难以应用在日本水蛭方面。另外，目前人工养殖日本水蛭方法，存在排泄废物多、环境污染大、人工操作成本高、养殖效率低下、产品品质不高等问题。藕田中套养日本水蛭是一种高效生态的养殖方法，能有效解决日本水蛭规模化养殖中凸显的难题。

一、套养水域的建设

套养水域选择土壤偏肥、水源充足的池塘、小型湖泊等地。在套养水域修建多个长 50 m，宽 30 m，高 0.3 m 的垄，铺肥泥深 0.2 m，开沟沥水至合适湿度。利用底改剂对池塘淤泥和养殖用水进行调节，去除有害致病菌，分解部分有害物质。水温控制在 15～28℃，pH 在 6.5～7.5 之间，盐度 20～30 之间，溶氧≥5 mg/L，氨氮＜0.5 mg/L，亚硝酸盐含量＜0.15 mg/L，透明度＞20 cm。1 周之后，水质无明显参数改变，视为稳定、合理的养殖水环境，可用于下一步的操作。

二、日本水蛭饲养网箱的建设

日本水蛭饲养网箱 1 可以为带开口 2 的长方体：长宽高分别为 2.0 m，1.2 m，2.0 m。材料为聚乙烯或者聚丙烯网片，网片的密度为幼蛭（2 月龄以内）80～100 目，2 月龄至成年的日本水蛭 60～80 目，成年日本水蛭 40～60 目。饲养网箱 1 顶部的开口 2 为活动状，三面通过拉链 2-1 连接，另一面与饲养网箱连为整体，投喂饵料的时候可以打开开口，投食完毕即可实现全封闭，达到防逃功能，操作简单（图 3-4）。

通过在饲养网箱 1 上设置固定条带 3，将饲养网箱 1 固定在养殖池塘的平行固定钢索 4 上，钢丝的走向与种藕 5 种植的横向一致，固定钢索 4 通过膨胀管及螺丝固定在套养水域外侧的固定点 6 上，在种藕的行间距之间安插饲养网箱 1（图 3-4）。

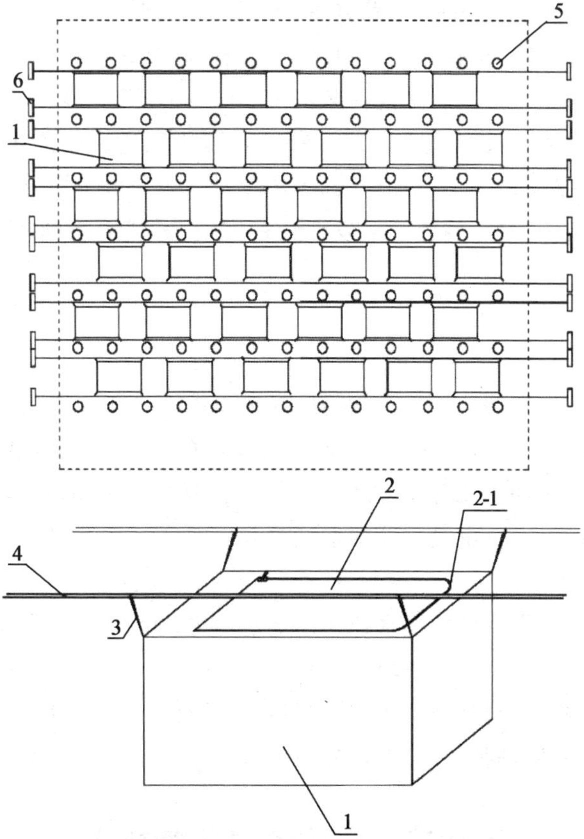

图 3-4　藕田套养日本水蛭示意图

1. 饲养网箱　2. 开口　2-1　拉链　3. 固定条带
4. 固定钢索　5. 种藕　6. 固定点

三、种藕栽培方式

种藕选择及施肥:选择一致性好、藕身完整、藕头饱满、颜色正常、无病斑、无损伤的深水藕（如雪花藕）等进行种植。深耕25～30 cm,施足基肥,如菜籽饼、人畜粪或其他有机肥等。

种植方法:选择在3～4月间进行种植,株距为1.0～1.5 m,行距为1.5～2.5 m,先挖一条深6～10 cm,比藕种略长的泥沟,然后将种藕平放在沟中,节稍翘起,再覆土固定。以该法下种结藕较浅,易于采挖。下种时要严防藕头顶芽露出土层,以免造成主鞭生长困难,影响莲藕早发。栽种完成后,浅水管理,水深5～8 cm。

四、日本水蛭的饲养

日本水蛭幼苗的投放时间最好在4月下旬至5月下旬之间,水环境较为稳定,变化不大,青年苗投放的时间避开高温的夏季(7、8月份)以及低温的冬季(12月份至次年2月份),其他时间均可以投放。每亩投放日本水蛭青年苗3万～5万尾,或者幼苗6万～8万尾。

本方法提供的日本水蛭和莲藕套养方法,充分利用了水域空间,并且日本水蛭和莲藕在生物空间上具有互补性。通过协调动植物间的竞争与互补关系,有利于二者均获高产,增强群体抗逆性,减轻病害,同时还可以充分利用水域空间边际效益增产。

第八节　藕田套养黄鳝技术

黄鳝属鲤形目鳅科,为小型经济鱼类,属温水性鱼类,最适水温为22～28℃,水温高于32℃钻入淤泥中,水温低于7℃潜入泥中冬眠。黄鳝为杂食性鱼类，常摄食的有水蚤、水蚯蚓、水草及水中的微生物，常用堆放鸡粪、牛粪、猪粪等方法来繁殖饵料或投喂人工颗粒饲料喂养黄鳝。黄鳝摄食一般多在傍晚和夜间，在产卵期和生长旺盛期白天也摄食，产卵期的黄鳝比平时摄食量增大，雌黄鳝比雄黄鳝摄食多。黄鳝是一种分布广泛、适应性很强、对环境条件要求不高的小型淡水鱼类，是我国外贸出口的重要水产品之一。黄鳝因其适应性强、疾病少、成活率高，且繁殖力强、运输方便、饵料易得，已成为重要的水产养殖品种，养殖前景十分广阔。

一、养殖池建造

池塘面积 2～5 亩，平均水深 1.0 m，要求水源无污染，注、排水方便。按常规要求池塘栽植种藕，荷叶覆盖面积约占全池的 50%。放养前，先将池水抽干，检查有无漏洞，然后用生石灰清塘。池水深 7～10 cm 时，用生石灰 75～150 kg/亩。如果池水无法排干，用漂白粉进行清塘。清塘后 7 d 注入新水，注入的新水要过滤。注水后施基肥，培育水质，方法是在池的四角堆上鸡粪、猪粪等有机肥，用量 2 250～3 000 kg/hm^2，施肥 5～7 d 后可以放养黄鳝。

二、种苗选择

黄鳝种苗用人工培育驯化的深黄大斑鳝或金黄小斑鳝，不能用杂色鳝苗和没有通过驯化的鳝苗。黄鳝苗大小为每千克 50～80 条，放养密度一般以每平方米放鳝苗 1～1.5 kg 为宜。鳝种放养前用 4% 食盐水消毒浸泡 8 min，在盐水中翻滚、蹦跳严重的应剔除。

三、饲料投喂

首先安装好饲料台，饲料台用木板或塑料板做都行，面积按池子大小自定，低于水面 5 cm。投放黄鳝种苗后的最初 3 d 不要投喂，让黄鳝适应环境，从第 4 天开始投喂饲料。给鳝种投喂应以鲜活的动物饲料为主，兼喂一些植物饲料，饲料主要有小杂鱼、小虾、蚯蚓、螺蛳、蝇蛆、鲜蚕蛹、动物下脚料、麦芽、麦麸、豆饼、青菜、浮萍，也可以投喂鳗鱼配合饲料。投喂要坚持定时：经过驯养的黄鳝，一般在上午 8～9 时、下午 4～5 时进行投喂，以增加其摄食量，促进生长；定量：黄鳝性贪食，多食会胀死，因此，开始投喂时每日投喂量为黄鳝总重的 2%～3%，以后增加到 4%～6%，头天投喂后，次日早晨要观察其吃食情况，无残饵则说明投喂量正好，有残饵则说明投喂量过大，可调整投喂量；定质：饲料一定要新鲜，谨防变质；定位：饲料要投在鳝池内固定的地方，让黄鳝养成定点吃食的习惯。

四、日常管理

管好池水，水位一般保持在 10 cm 左右，水过深会影响黄鳝的呼吸和觅食，池中残饵要及时捞出，并根据具体情况适时加注新水。

做好防暑降温和保暖防冻工作：黄鳝生长的适宜温度是 15～28℃，当水温升到 28℃以上时，可在池中放些水浮莲或水葫芦，但面积不能超过池面的 1/3，若水温超过 30℃，应及时加注新水，最好用地下水降温，一次不能加水过多，以免温差过大造成黄鳝死亡。当水温降到 15℃左右时，即黄鳝入冬前，应投喂优质饲料，使之膘肥体壮，提高抗寒能力。当水温降到 10℃以下后，要及时排干池水，在底泥上铺盖稻草，避免黄鳝冻伤。

经常检查排水孔，以防黄鳝逃逸。

秋季及时摘去过多的浮叶和衰老的早生叶，以保持藕池通风透气。此时每亩藕池追施发酵腐熟的有机肥 50～100 kg。

五、病害防治

(一)赤皮病

①用 1 mg/L 聚维酮碘溶液全池泼洒；②用磺胺噻唑拌饵投喂，第一天用量为每 100 kg 黄鳝 10 g，第二至第六天用量减半；③用 2.5%食盐溶液浸泡病鳝 10～20 min 或用 5%碘酒涂抹患处；④用 0.05 mg/L 明矾溶液全池泼洒，2 d 后再用生石灰液泼洒水面。

(二)肠炎病

①每 100 kg 黄鳝用磺胺胍 10 g 或用 1 kg 大蒜+0.5 kg 食盐拌饵投喂，每天 1 次，连续 6 d；②在内服药物的同时，外用生石灰液或季铵盐络合碘制剂泼洒。

(三)腐皮病

①每 100 kg 黄鳝用磺胺胍 10 g，拌饵投喂，每天 1 次，3～6 d 为 1 个疗程；②每 100 kg 黄鳝用磺胺脒 2 g+水蚯蚓 1 kg，拌饵投喂，连用 5 d；③每立方米水体用红霉素 25 万 IU，每天 1 次，连续 3 d。

(四)烂尾病

①运输过程中，防止机械损伤；②每立方米水体用金毒素 2 万 IU，全池泼洒；③用 5%聚维酮碘涂抹患处。

(五)出血病

①用生石灰彻底清塘消毒；②每 100 kg 黄鳝用大黄 1 kg 拌

饵投喂，每天 1 次，连用 3～5 d；③每立方米水体用 25 万 IU 金霉素，全池泼洒。

六、黄鳝收获

一般采用干田捕获。在 11 月上中旬把藕田中的水排干，让黄鳝进入泥中冬眠，田面盖上干草防冻，但要保持一定湿润性，捕捞时人工挖捕。黄鳝最佳上市销售时期是元旦和春节。

第四章

葡萄园立体种养模式与实用技术

第一节　日光温室葡萄-草莓立体栽培技术

葡萄园立体种养模式与实用技术彩图

套种是指在前一种作物生长的后期，在预留的行间或带间套种其他农作物的一种种植方式。葡萄是一种落叶果树，春天气温回升后开始萌芽生长，开花结果，到夏秋季成熟上市；10月份气温下降开始落叶，进入休眠状态。因此，葡萄采摘后的土地进入闲置状态。草莓为多年生草本植物，夏季怕高温暴晒，种在葡萄藤下，遮阴条件理想，既可降低温度还能提高产量和品质(图4-1)；葡萄发芽较晚，不影响草莓通风和透光；而且草莓成熟期早，一般在葡萄结果前可基本结束采收。两者在养分的吸收、光照和空间利用上能够互相取长补短，因此，套种不会出现养分争夺现象，同时又能提高温室利用率，增加农户经济效益。

图 4-1　葡萄-草莓套种模式(来源:农业商务网)

一、日光温室的搭建

参考山东寿光第五代新型高效节能日光温室,葡萄的架式为小棚架,采用单蔓整枝栽培;葡萄定植在温室南侧,距温室南端 100 cm,草莓定植于葡萄棚架架面下,距葡萄栽培区 50～80 cm(图 4-2)。该套种技术通过将温室葡萄栽培技术与温室草莓栽培技术进行整合,充分利用了日光温室的地面及上层空间,可以使日光温室的土地当量比达 1.84,产品产出时间达到 210 d,同时促进温室土地、光能、水源的综合利用。

二、整地

在定植前进行深翻细耕,施入充足的基肥,结合整地可亩施多菌灵 2.5 kg 进行土壤消毒,将土壤耙平、耙细,起垄。

三、草莓种植

可选择丰香、章姬、佐贺清香等抗病力强、丰产的品种,可在 8～9 月份选择草莓壮苗定植,株行距 20 cm×30 cm,亩栽 1 万株

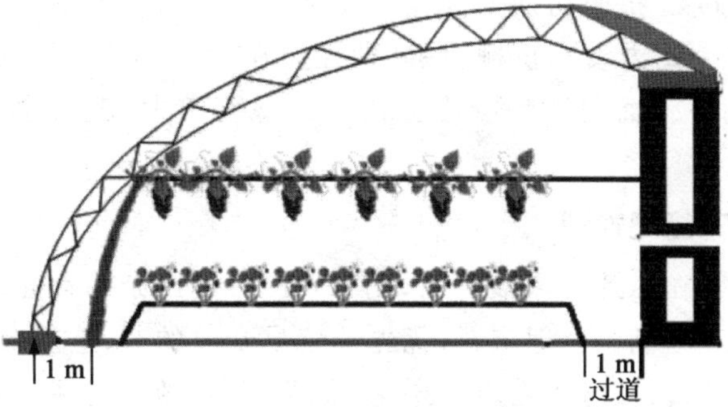

图 4-2 葡萄-草莓立体栽培日光温室

左右。定植时剪去老叶，将新茎弓背朝向畦外侧，并使苗心基部与地面平齐，做到“深不埋心，浅不露根”，浇足定植水。

四、葡萄种植

葡萄可在 4～5 月份时移入温室内，在 9 月下旬进行强制休眠，在春节前后发芽，发芽 1 个月左右即可开花，亩栽 1 500 株左右。也要选择丰产、品质好、抗病力强的品种，最好选用 3 年生的大苗带土球移入。

五、日常管理

(一)扣棚覆膜

草莓覆膜保温期宜在 10 月中旬，太早则花芽分化不充分，产量下降；太迟则进入休眠，影响上市期。选晴天扣大棚膜后，即可覆盖地膜，可选黑色地膜。开孔，将植株的叶片从孔中扒出，膜面要压实、紧绷，畦沟铺稻草或稻壳。

(二)大棚温度管理

冬春季管理应以草莓生长为主，按草莓生育期变化调节大棚温度。扣棚初期温度保持在25～30℃，夜温5～10℃，过低时在大棚内设小拱棚；展叶期控制在20～26℃；开花坐果期20～28℃。葡萄地膜覆盖宜在1月底至2月初，用银黑双色膜覆盖。

（三）施肥管理

草莓在2片叶未展开时，用5～10 mg/L赤霉素处理，每株3～5 mL喷洒。合理疏花，优先选留早开放的花，适度疏除后期未开的花蕾；及时摘除老叶、病残叶、果柄等，改善通风透光条件。现蕾至结果期进行3次追肥，分别在植株顶花序现蕾时、顶花序果实膨大期、顶花序果实采收期进行，以后每采收一批追肥一次，可到点豆肥吧加工私人定制配方肥，根据草莓长势和土壤情况定制氮磷钾配比，满足草莓生长需要，提高草莓结果率。

草莓采收将要结束时，葡萄开始旺盛生长，此时可结合草莓浇水对葡萄施一次萌芽肥，促进萌芽整齐；做好枝蔓摘心、副梢处理、去卷须工作。在葡萄膨大期、硬核期进行2次追肥，采用适宜葡萄各生育期生长的配方肥，合理氮磷钾配比，提高葡萄商品性，增加经济效益。

（四）病虫害控制

对于葡萄病虫害控制采取以防为主、综合防治的措施，主要防治灰霉病、叶蝉和白粉病等病虫害。冬天对葡萄枝进行修剪，对修剪后的枝叶进行消毒清理。夏天要多观察，及时发现病虫害并进行喷药控制。草莓主要容易遭受红蜘蛛的危害，大棚保温后发现有红蜘蛛时，立即用20%三氯杀螨醇1 400倍液或者尼索朗乳油1 800倍液进行喷洒灭虫。

六、采收

草莓采收从12月中旬起，延续到翌年5月中下旬；葡萄在

7月下旬至8月上旬上市，从而获得双重收益。

第二节 温室葡萄套种番茄技术

嘉兴葡萄3月份开始萌芽，8月底基本收完夏季葡萄，且作为第二年结果母枝的花芽分化也已经完成，可以利用8月至第二年3月共7个月的空闲期和园地的壤土土层深厚、耕作层疏松肥沃等有利条件发展冬季葡萄和套种番茄。棚室合理套种是提高蔬菜种植效益的重要途径，葡萄藤下面种植番茄（图4-3）既能有效地利用有限的土地资源，又能促进农民增收。

图4-3 葡萄园套种番茄模式

一、种植模式

种植方式：葡萄与番茄均为南北行种植。葡萄采用单壁篱架栽培。

株行距：葡萄为0.5 m×2 m。番茄于葡萄行间栽植4行，株距0.35 m。

品种：葡萄采用波利纹玫瑰，番茄以早熟、低秧的北京早红品种为主。

温室：日光温室长70～80 m(过长，保温效果不好)，南北宽7.5 m(过宽，后面受光较差)。温室采用全钢拱架，塑料薄膜覆盖。

施肥：葡萄为一栽多年的方式。每年秋施充分腐熟的优质有机肥3 000 kg做基肥，每亩加入氮3 kg，磷5 kg，钾4 kg，沟施。葡萄根上、葡萄行间撒施有机肥，每亩1 000 kg。结合深翻增施硫酸铵25～30 kg/亩，磷酸二铵10～15 kg/亩。

二、主要栽培技术要点

(一)番茄育苗

番茄育苗时期根据温室加温时期确定。加温时期一般为12月下旬，由此可推算出番茄的育苗时期为前一年的11月上旬(番茄的苗期为50 d左右)。番茄的育苗与一般的常规育苗相同，主要是防止秧苗的徒长，培育壮苗，适时移栽。

(二)温室加温

葡萄加温前，涂抹石灰氮。方法是，在加温前1个月左右(11月底至12月初)用石灰氮5倍液涂于结果枝上。每千克石灰氮兑50℃温水5 kg，加入适量展着剂用喷雾器喷施全株，可提早发芽15 d，且发芽整齐，葡萄可提早上市15 d左右。

温室加温的时间为12月下旬，冬至以后开始。温室加温，温度不能上升过急。如温度过高，葡萄提前发芽，而地温一时跟不上来，会造成植株地上部与根系活动不协调，发芽不整齐。所以，开始温室加温催芽第一周实行低温管理，白天保持20℃左右，夜间10～15℃。在开始加温后，结合追肥灌足芽前水。

(三)番茄移栽

温室加低温1周后，逐渐提高温室的温度，白天保持28～30℃，晚上保持15～20℃。持续3 d后，移栽番茄，于葡萄行间按40 cm×35 cm行株距栽植4行，亩定植4 500株。定植后盖地膜，并适时浇小水，忌浇大水。定植后，温度保持在30℃左右，夜间保持15～20℃的较高温度。

番茄定植缓苗后，喷施1%的矮壮素，每隔7 d喷1次，共喷2次，并严格掌握用药浓度。

(四)葡萄新梢初期的管理

夏剪：包括上架、抹芽和疏枝定梢。当葡萄长出3～4片叶开始上架。抹芽在芽萌动后展叶前进行，把多余的、发得晚、部位不好、瘦弱、尖细、密集的芽抹去。疏枝定梢要使枝芽尽量靠近主蔓，合理布局枝芽密度，调整好植株的负载量。3年生葡萄每条主蔓留4～6个结果新梢即可。

温湿度的管理：此期温度过高，湿度过大，必然引起新梢的徒长，因此保持低温成为管理关键。温度白天控制在25～30℃，夜间15℃左右为宜，与番茄此期对温度条件的要求相一致。湿度保持60%，过大要通风换气。如无萌芽或发芽势不强，绝对不能灌水，进入花前10～15 d适量灌1次水。

(五)葡萄花期的管理

疏花序、掐穗尖、去卷须：葡萄萌芽后20 d左右，根据花序的大小和多少决定疏除量，掐去穗尖的1/5～1/4。卷须空耗养分，应随时摘除。

采取调控措施提高坐果率：于花前2～4 d对叶片和花序喷布0.2%的硼砂溶液，初花期喷布助壮素100～150倍液。

温湿度管理：温度指标：白天保持28℃左右，夜间保持16～

18℃为宜。此期湿度要相对低一些，以利于授粉、受精过程的顺利进行。湿度保持50%，湿度过高应通风换气。

(六)番茄中后期技术管理

掌握好湿度，及时灌好第一水。当第一序果核桃大，第二序果蚕豆大，第三序果花蕾刚开花时，结束蹲苗，开始灌水。以后每10～15 d灌水1次，结合追施尿素每次亩施7.5～10 kg。灌水时，结合葡萄的需水时期适当提前或延后。

防止落花落果和畸形果：由于温度因素引起的落花落果，可用2,4-D点花柄，浓度10～20 mg/kg。由于其他条件造成的，可通过改善光照，调节土壤水分，进行根外追肥，增加二氧化碳等措施调控。2,4-D点花柄不应重复，浓度不宜过高，以防造成畸形果。

盛果期的综合措施：温度保持25～28℃；土壤含水量20%～25%；10～15 d浇一水(结合葡萄的需水)；草帘晚盖早揭；喷施磷酸二氢钾300倍液，7～10 d喷1次。乙烯利催熟：果梗上催熟500～1 000 mg/kg；摘果催熟2 000～3 000 mg/kg。

(七)葡萄幼果—硬核期的管理

肥水管理：追肥以磷钾肥为主。钾肥在硬核期前后一次施入，每亩用(纯钾量)2.5～3 kg。磷肥(纯磷量)可于花后和硬核前期，使用时分批施入1.5 kg/亩。此期灌水视土壤情况和番茄的灌水情况而定。

扭梢：温室葡萄发芽往往不齐。为了使结果枝在花前长短基本一致，要将先萌发的芽基部扭一下，延缓生长，经10～18 d达到一致的目的。

引缚：使结果枝均匀分布在架面上。

摘心：在结果花序上留5～6片叶摘心，营养枝留4～5片叶摘心。对摘心后发生的副梢只留下顶端1～2个，每个副梢上留

2～4片叶反复摘心。

疏穗、疏果：落花后15～20 d进行疏穗和疏果。结果枝强壮的留2穗，中庸的留1穗，弱的不留，保持每主蔓4～6穗果。按坐果的好坏及早疏除部分过密果和单性果。

温湿度管理：此期提高夜温对促进幼果膨大生长和成熟有很大意义。夜温保持在18～20℃，不能超过20℃。此时，外界温度升高，及时通风换气，白天保持25～28℃。

此期需水量最大，是促进日光温室葡萄提早成熟的一个关键管理时期，应适时灌水。

(八)葡萄着色、成熟期的管理

夏剪：始着色时，去掉基部老叶，硬核期喷40％乙烯利1 500倍液加0.3％的磷酸二氢钾。浆果变软时，喷2 000倍乙烯利加萘乙酸500倍，既催熟又防落粒。

温湿度：此期室外温度已高，膜已基本除去，温度管理和空气湿度不是重点。但此期需水量也较多，要适时灌水1～2次。不过，后期要停止灌水。

(九)防治病虫害

葡萄病害主要有黑痘病、白腐病、炭疽病、霜霉病、蔓枯病等；虫害有烟蓟马、白粉虱、二星叶蝉。

番茄的主要病害有：早疫病、晚疫病、灰霉病、病毒病。

采用常规方法防治即可。

第三节　葡萄-土豆立体栽培技术

葡萄设施栽培是果树设施栽培的主要类型之一，目前嘉兴农村葡萄设施栽培面积在所有水果中排行第一。近年来，随着设施葡萄栽培技术的快速发展，更多的葡萄种植户不断地拓展思路，向葡萄设施栽培的立体化、高效化、集约化方向发展。立体高效栽培是目前葡萄设施栽培的一个重要发展方向。通过对设施大棚内土地、光能、水源等自然资源的充分利用，对设施大棚内有限的空间进行整合，可以获得更高的收益。

葡萄-蔬菜立体栽培模式就是利用葡萄采收后到第二年挂果前的一段空闲时间。在这段时间内设施大棚内温度较高，葡萄在这段时间进入冬季休眠期，只剩下枝条，因而设施大棚内阳光充足。可以充分利用大棚内的土地、光照、水源资源进行蔬菜套种，目前套种比较多的蔬菜有土豆（图 4-4）、菠菜、大蒜、萝卜、生菜等。土豆既是世界第四大粮食作物，又是营养丰富的蔬菜作物，含有大量的淀粉及各种矿物质和维生素，深受人们的喜爱，具有产量大、早熟、用途多、分布广等特点，随着农业产业结构的调整，土豆种植面积逐渐扩大，是很多农户的种植作物。

图 4-4　葡萄-土豆套种模式

一、整地施肥

在大棚内沿南北方向间隔 1～1.3 m 开沟起垄，形成相互平行的沟底，沟底宽 0.4～0.5 m，沟顶宽 0.8～1.1 m，沟深 0.5～0.8 m，开沟覆土防渍，提供排灌通道，在沟底施腐熟有机肥，每亩 1 500～2 000 kg。腐熟的有机肥为食草动物的粪便经腐熟制得。

二、土豆催芽

将土豆放在口袋中密封，置于 20～25℃的温度下，使土豆发芽。把有芽眼的土豆切块，保证每块土豆都要有芽眼。

三、葡萄育苗

常用扦插繁殖。剪取生长粗壮、芽眼饱满的一年生枝条，用单芽或双芽剪成长 5～15 cm 进行插条，按 15 cm×50 cm 距离扦插在沟内。

四、土豆育苗

将有芽眼的土豆块埋入垄背土壤中，芽眼一端朝上，埋入深度为 1～2 cm，适时浇水、充分光照，出苗后及时疏松土壤，并向苗根培少量土。

五、绑蔓

搭棚架，葡萄新梢长至 30 cm 时绑蔓，隔 15 d 再绑一次，同时摘除卷须，7 月上旬再进行一次。

六、整枝

在夏季对葡萄的主蔓进行反复摘心，每株葡萄的侧蔓只留1～3枝长势好的，其余的剪除。

七、肥水管理

按氮、磷、钾1∶0.5∶1.2的比例，施完全肥，每10～15 d追施1次腐熟有机肥。苗期需要额外增施氮肥，额外追肥喷0.3%尿素和0.2%硫酸二氢钾促进果实膨大和成熟。及时中耕除草，遇天气干旱，应适时浇水，汛期应及时排涝，严防田间积水沤根死苗。

八、病虫害防治

加强葡萄的霜霉病、黑痘病、白腐病及根腐病，土豆的早疫病、晚疫病及黑茎病的防治。

九、采收与贮存

土豆应在6月中旬进行收获，葡萄在8～9月进行收获。

第四节　葡萄园生态养鸡技术

随着社会经济的发展，绿色食品越来越受百姓的青睐，肉质优良的放养土鸡更是人们生活不可缺少的食品。为适应市场需求的变化，生态型土鸡养殖逐渐兴起，利用葡萄园进行生态养鸡能够充分利用葡萄架下的空间，形成葡萄、鸡共生互利、种养结合的生态模式，实现葡萄、鸡双丰收的和谐发展。葡萄园养鸡模式(图4-5)目前在嘉兴的大桥镇有一定的饲养规模和基础。

图 4-5 葡萄园生态养鸡模式

一、品种选择

(一)葡萄品种选择

嘉兴市位于长江三角洲杭嘉湖平原腹心地带,地处于北亚热带南缘,属东亚季风区,冬夏季风交替,四季分明,气温适中,雨水丰沛,日照充足,年平均气温 15.9℃。目前嘉兴种植的葡萄品种以夏黑、醉金香、红地球和美人指等为主。葡萄在钢丝网上生枝、挂果,离地约 2～2.5 m,为葡萄园套养土鸡提供了较好的饲养条件。

(二)鸡品种选择

利用葡萄园养鸡主要采用以放牧为主、补饲为辅的饲养方式,因此在鸡一般选择适应性强、抗病力强、耐粗饲、勤于觅食、活泼好动、肉质上乘的品种。嘉兴葡萄园养鸡所选品种主要以本地优质土鸡三园鸡为主,该品种具有抗逆性、抗应激性强,适应性强，觅食性广，耐粗饲，肉味鲜美、风味独特等特点，且市场需求量大。

二、基础建设

在养殖过程中鸡走失常有发生，为防止走失，将铁丝围网围在葡萄园四周。为确保园内鸡的安全，均用围网阻拦通往园外的下水道口。园区内环境建设要交通便利，地势高燥，结合生产用房和园内主干道，可将葡萄园分为多个养殖小区，并且要求通风、光照良好。

（一）葡萄园基础建设

为实现葡萄、鸡双赢局面，创造“上果、中鸡、下草”的生态模式，在葡萄园配套养鸡时葡萄园以种植 3 年以上葡萄为宜（3 年以上葡萄已进入丰产期，根系发达，不易被鸡破坏），且钢丝结构架一般高 2～2.5 m（足够高的钢丝结构架为葡萄园养鸡提供足够的饲养空间，一方面防止鸡苗对果实的破坏，同时也为鸡苗生长提供足够的通风条件和光照条件）；另外要求葡萄园排灌设施良好，不潮湿。

（二）配套养鸡时葡萄管理注意事项

在葡萄园配套养鸡时为了实现葡萄、鸡双赢必须注意在进行葡萄施肥、喷洒农药时将鸡群暂时关闭（有一定规模以后可以通过鸡的采食，减少葡萄病虫草害的发生，并用鸡粪作为优质有机肥施于葡萄地里，可以少用药甚至不用药，既节约了肥料、农药等开支，又可提高葡萄产量和品质；同时鸡肉味道鲜美，鸡蛋营养价值高，实现无公害养殖）。另一方面，在葡萄开花结果后对葡萄进行套袋处理，不仅使果面干净，有效地防止了果锈等病虫害，还能防止鸡对果实的破坏。

三、饲养管理技术

(一)掌握合理的放养密度

利用果园养鸡时实行放牧散养,必须根据园地的面积大小确定养鸡的数量,一般每亩葡萄园饲养 80～120 只鸡苗。密度过大,则不利于葡萄园日常的管理,也会使鸡粪净化困难,造成环境污染;密度过小,则会削弱果林的利用效率。

(二)适时放牧

一般情况下土鸡具有疾病少、耐粗饲等特点,但因为饲养周期长,加上长期放牧野外,接触病原的机会增加,有时还会遇上果园施肥、喷洒农药等造成药物中毒,因此对鸡苗的防疫不容忽视,除加强日常管理外,还需要注意在对果园进行施肥或喷洒农药时一定要隔离鸡群 1 周以上,以免鸡群受到药害。

(三)雏鸡饲养

3 月底进雏鸡为最佳时间,鸡苗应选择健康、活泼、体质好的个体。待雏鸡运回后,可利用葡萄园的附属生产用房进行保温饲养。保温育雏舍面积约 40 m^2,热源采用畜牧专用保温灯或炭火加热等。

雏鸡的保温饲养:健康雏鸡进舍前,让其安静休息 2 h,并掌握时间适时开食和饮水。实践证明,在雏鸡入舍后约 30 min 的时间保持舍内温度略高于正常需要的温度,便于鸡苗"潮口"完全(鸡苗开食前饮水称为"潮口"),同时在饮水中加入 5%的葡萄糖温水或氨基电解多维等药物,以防止鸡苗出现应激反应。待鸡苗"潮口"完全后(一般以鸡苗啄手指为宜)便可开食,初期应加足精料让其自由采食,时间为 2 d,以后每天喂饲减到 3 次。小鸡觅食性较差,因而以喂饲为主。15～30 日龄后采取半放牧,早晚可在舍内自由采食,中餐免喂;待鸡苗脱温完全并适应葡萄园放牧环境后早餐喂饲量由放养初期的足量减少至六成，中餐免喂，晚餐一定要吃饱。

（四）对成年大鸡的饲养

对成年大鸡的喂养比较宽泛和灵活，实践证明，鸡舍和避雨设施每节长、宽、高均为 90 cm，用木条钉制而成，铁皮蒙制尖顶，每移动鸡舍内悬挂一生蛋篮。采用移动方便的鸡舍，葡萄生长的任何田间操作都不受此规格设计影响。每 5 节移动鸡舍为 1 组，每养殖区设 5 组左右，鸡舍在各自的葡萄行间向前移动周期为 2 d，有利于鸡粪分散园内。这样鸡粪可促进葡萄园蚯蚓、小草、昆虫生长，得以休养生息，等鸡下次再回来时，又有较多的蚯蚓、小草等供鸡食用，往复如此形成生态食物链，达到种植葡萄、养鸡双丰收的效果。

（五）适时免疫防御疾病

由于葡萄园大，养鸡数量多，防疫接种工作、疾病防范难度加大，因此能在育雏时完成的都在育雏阶段完成，要严格按照正常免疫程序进行。饲养期较长的产蛋鸡，需接种鸡传染性支气管炎疫苗，在雏鸡阶段饲料中加入防白痢、抗球虫药物，园内所有鸡均接种鸡传染性法氏囊病、新城疫、鸡马立克氏病疫苗。葡萄防治病虫害时选择低毒、高效、低残留农药交叉使用。

（六）补充喂养

为保证鸡的健康成长，30 日龄前喂全价料，30 日龄后逐步转换为喂食玉米粒，人为地促使它们在葡萄园中寻找食物，以增加鸡的活动量，采食更多的有机物和营养物。冬春季节由于草、虫、蚯蚓较少，可在葡萄园内种植青菜进行轮牧，或利用附近的菜园种植青菜来投喂，并喂食玉米，这样做既可提高鸡的肉质，又可达到省料、降低成本的目的。

第五节 大棚葡萄园立体循环养殖草鹅技术

近年来，随着我国现代农业的大力推进，大棚葡萄园等设施农业快速兴起。充分利用大棚内的空间、土地，提高葡萄园的生产效益、空间利用率以及减少农药、化肥、人工成本，已成为大棚葡萄园在大规模建设后面临的新问题。目前大棚葡萄园下的土地、空间的利用，主要存在下列问题：①如果大棚内的土地没有得到利用，必然是杂草丛生，带来虫草害，致使农药、人工以及化肥使用增加，不仅生产成本上升，而且影响了葡萄园的增产增效；②如果大棚内的土地种植农作物，这些农作物会与葡萄争肥，从而影响葡萄产量和品质。如果采用大棚葡萄园养鹅这种立体循环种养方法(图 4-6)，不仅可以有效地改善葡萄园生产环境、减少虫草害、提升土壤肥力，而且能够充分利用葡萄架下闲置的空间资源，进行生态养殖，促进增收(图 4-7)。“上果-中鹅-下草-粪肥田”的立体循环系统，充分利用了葡萄园的土地和空间，让资源利

图 4-6 葡萄园养鹅模式

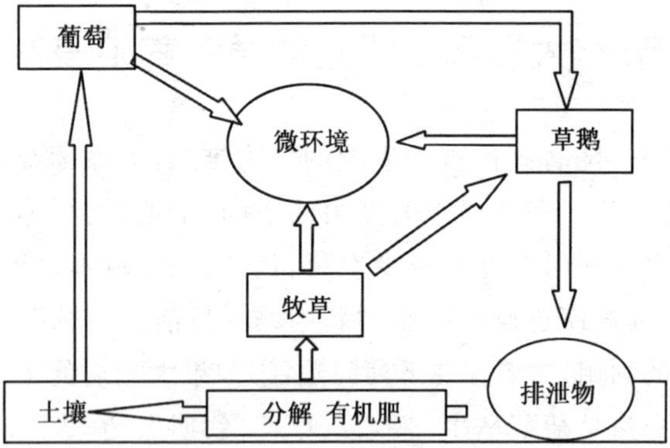

图 4-7　葡萄园立体循环放养草鹅系统示意图

用最大化。葡萄园种植牧草，使得牧草成为优势群体，抑制了杂草的生长，同时杂草再生性差，草鹅采食后难以再生和繁殖，从根本上限制了草害的发生，杂草的消除使得虫害缺少了中间寄主，切断了生物链条，限制了虫害的发生，从而减少了葡萄园防治虫草害的费用和农药污染。

一、葡萄园的选择

选择葡萄树栽培 2 年以上，根系发达、植株健壮，葡萄架离地高度 1.8 m 以上，排灌系统通畅，葡萄行间距在 4 m 以上的规模连栋大棚葡萄园。9 月中旬对葡萄园内土地进行浅耕，施基肥，以葡萄根为中心 50 cm 内不深耕翻。

二、冬春牧草的种植与管理

冬春牧草品种选择和种植，以多花黑麦草为主，辅以少量的青菜或小白菜等叶菜类。9 月下旬，多花黑麦草以 2.5～3.0 kg/亩的播种量进行撒播。多花黑麦草以及部分叶菜类播种后，利用葡萄园的滴灌系统进行渗灌，促进草种的快速出苗。

三、鹅苗的选择与炼苗

选择食草性强，耐粗饲，生长速度适中的江山草鹅品种。鹅苗饲养量以 10～15 只/亩为宜。按照防疫程序给鹅苗接种小鹅瘟等疫苗，将青菜等叶菜类饲草切丝喂鹅苗，随日龄增加，逐渐增宽直至整片叶子，再逐渐添加黑麦草等常规饲草，锻炼鹅苗胃对饲草的消化能力，同时在棚舍周围小范围散放，让其适应葡萄园的环境。

四、葡萄园轮牧管理

将葡萄园均分为 4 个牧区，利用 50～80 cm 高的尼龙网进行分隔。12 月上旬开始放牧，让鹅采食牧草叶，保留 2/3 的下部茎，每 6～7 d 轮换一个牧区，保证每个小区 20 d 左右的恢复期。放养过程中，切忌大群鹅长时间集中在同一地点践踏、栖息，易导致牧草死根，应在鹅群放养 3 h 左右后进行转移。每天鹅群早上出棚前和晚上归棚后各补饲一次粗粉的玉米、稻谷，补饲量雏鹅 30 g 左右，成鹅 100 g 左右，重点是根据鹅群生长情况，及时补充微量元素和多维，增强体质，预防疫病。

牧草恢复期管理：轮牧结束的小区须用搂耙将草茎进行梳理，将压倒在泥里的拨出，将散落的鹅粪便匀进土里，实现轻微破土，增加土壤孔隙，利于粪便分解、牧草再生和葡萄树营养吸收。

五、夏秋牧草的选择和种植

选择籽粒苋等牧草为主要种植品种，从 3 月份持续至 5 月份每月以 0.5～1 kg/亩播种一次，并利用滴灌进行渗灌，促进种子发芽，确保 6 月开始接替多花黑麦草供应饲草。

六、新老草鹅的更替

从 3 月份牧草播种开始，鹅轮牧时间缩短为 5 d，减少践踏时间，促进牧草生长，老鹅在 5 月下旬出栏。草鹅苗在 4 月中下旬引进，进行 1 个月的炼苗，5 月下旬开始放牧，此时草鹅苗采食量小，轮牧时间为 5 d，利于夏秋牧草的生长。在雏鹅采食量上升后，再恢复至 7 d。老鹅出栏后，小鹅放牧前，需将老鹅的鹅舍以及用具进行消毒、晾晒。秋季新老草鹅进出栏程序与上述相同，老鹅在 9 月下旬出栏，雏鹅 9 月上旬引进育苗。

七、土壤管理

11 月上旬在各小区轮牧结束后，用小型耙机对土壤表层进行松土，增强土壤通透性，改良土壤质量，保证生产的顺利进行。

八、效益分析

第一，每亩地养殖 30 只鹅(一年 2 批，每批 15 只)，种苗饲养成本约 50 元/只，5 kg 的鹅市场价在 150 元左右，每亩增收 3 000 元以上；第二，轮牧养鹅给葡萄园遍施有机肥，减少基肥的投入，每亩节约 200 元；第三，葡萄园放牧养鹅控制了园内杂草的生长，减少了虫草害，每亩减少人工和农药费用约 200 元；第四，科学种草使葡萄园的小气候得到有效控制，生态效益明显(图 3-7)。

第六节　葡萄园套种双胞蘑菇技术

农作物间套种指的是两种或两种以上作物复合种植在耕地上的方式。合理安排农作物间套种，可充分利用地力、光能，实现一季多收，以达到提高土地利用率、增加农业经济效益的目的。目前农作物间套种一般采用株型“一高一矮”或“一胖一瘦”、生育期“一早一晚”、适应性“一阴一阳”等搭配，如玉米套种大豆、木薯套种辣椒、幼龄果园套种花生等。一般成龄果园树冠较大，林下空地不多，很少套种其他作物。葡萄枝条较软，须搭架固定成形，葡萄园多采用篱架或平棚架式(平棚的葡萄架下空地较多)，如果能够利用葡萄架下的空地套种双胞蘑菇(图 4-8)，将大幅度提高葡萄园复合栽培的效益。

图 4-8　大棚葡萄园套种双胞蘑菇

一、葡萄种植

(一)搭棚架

南方高温多雨，在避雨大棚内种植葡萄效果更佳。避雨大棚规格为 4.5 m×28 m×8 m(高×长×宽)拱形钢架塑料薄膜连栋大棚。在避雨大棚内搭建水平铁丝棚架(平棚)，棚架高 1.8 m，水平铁丝棚架的铁丝之间间隙 30 cm×30 cm(长×宽)。

(二)种植

选择排灌方便、光照充足、pH 在 6.0～7.5 的平地做栽培地，栽培葡萄(品种为夏黑)，双胞蘑菇。在栽培地上挖葡萄种植槽，葡萄种植槽规格为 25 m×0.5 m×0.6 m(长×宽×深)，在槽底和侧面铺上 1.5 mm×1.8 m×26.5 m(厚×宽×长)的塑料薄膜，回填泥土。

(三)肥水管理

夏黑幼树种植前，在种植槽内根据夏黑株行距 2 m×8 m 规格确定种植穴，每穴施腐熟的 5 kg 油菜秸秆、1 kg 钙镁磷肥、1 kg 石灰和 2 kg 菜籽麸做基肥，每穴种植夏黑幼树 1 株，淋定根水 4～5 L/株。进行水肥一体化滴灌管理，在 3～8 月，每 3～5 d 采用滴灌灌水一次，每次滴水 1 h，每穴滴水 5 L，每两周灌大量元素水溶性复合肥和花生麸浸出液组成的营养液 1 次。

(四)枝蔓管理

夏黑幼树生长期单臂整形，副梢与主蔓垂直，水平铁丝棚架高度(1.8 m)以下的主蔓不留侧蔓，1.8 m 以上的主蔓两侧每 20～25 cm 留 1 个副梢。

(五)病虫害防治

每年葡萄冬季落叶修剪后至芽萌动前,用2～3°Bé石硫合剂进行全园喷洒;开花前用嘧霉胺1 000倍液＋苏云金杆菌1 000倍液全园喷一次,防治灰霉病和斜纹夜蛾;开花后至果实套袋前,用30％的戊唑醇2 500倍液＋苏云金杆菌1 000倍液全园喷一次,防治白粉病和斜纹夜蛾;果实着色前,用70％的甲基托布津800倍液全园喷一次,防治炭疽病和白腐病;摘果后用12.5％的烯唑醇3 000倍液全园喷一次,防治白粉病。

二、套种双胞蘑菇

(一)培养料准备

按照200 m^2的栽培面积计算备料:干稻草5 000 kg,干牛粪3 250 kg,石膏粉300 kg,石灰粉150 kg,过磷酸钙75 kg,麦麸200 kg,尿素100 kg。

(二)堆制

先用1％的石灰水将干稻草预湿,底层铺30 cm厚预湿后的稻草,然后交替铺上干牛粪(3～5 cm)、混合料(由石膏粉300 kg、石灰粉150 kg、过磷酸钙75 kg、麦麸200 kg、尿素100 kg拌匀而成)和预湿后的稻草(25 cm),逐层增加,顶层最多,堆成龟背形。从堆第三层开始均匀加水,水分掌握在堆好后有少量水渗出为准。料堆好后盖上塑料膜,白天晴天把膜掀开。料堆好后温度升至65℃保持4 d,第一次翻堆后6 d后第二次翻堆,16 d后第三次翻堆。

(三)进料

进料前在葡萄架下空地上挖25 m×1 m×0.25 m(长×宽×深)的蘑菇种植槽,行间距为0.6 m,用虫螨净1 000倍液＋5％甲醛溶液对料堆和种植场地进行消毒，然后将培养料抖松均匀铺在蘑菇种植槽内，培养料厚度为 20 cm。

（四）播种

待堆沤好的培养料氨气挥发后播种，每平方米用菌种 1.5 袋（0.4 kg/袋），将菌种捏碎均匀撒在表面，轻拍料面。选用水田或水塘底泥用甲醛溶液消毒后进行覆土，土层厚度为 3～4 cm。

（五）菇棚温度调控

覆土后先喷一次 1% 的石灰水，再插上竹拱，盖上黑膜，以后喷水时把黑膜掀开即可。阴雨天气注意封棚保温，采菇时可掀开小拱棚黑膜。晴天棚温达 23℃时，把大棚南北两侧及顶部的塑料膜收起 1～1.5 m，小拱棚两头揭膜通风；小拱棚内温度达到 23℃以上时，小拱棚内一侧面用棍子把黑膜顶起通风，将温度控制在 15～23℃。

（六）菇棚水分管理

棚温低于 10℃，可少喷或不喷，每 2～3 d 喷水一次；晴天时宜多喷，每天 1～2 次。当床面没有菇时停止喷水。

（七）出菇

当子实体长到标准规定大小（2.5～4.5 cm）未形成薄菇时及时采摘。

第五章

其他果园立体种养模式与实用技术

第一部分 梨园立体种养模式与实用技术

第一节 梨园间作荠菜技术

其他果园立体种养模式与实用技术彩图

梨树种植园进入丰产期以后，梨树株行距一般在 5 m 左右，树下空间宽敞，秋末到初春梨树无叶，树下光照充足，适合秋冬及初春期间的荠菜生长。荠菜属十字花科荠菜属草本植物，属耐寒蔬菜，喜冷凉气候，根入土浅，须根不发达，短缩茎，叶塌地丛生，开展度 15～18 cm，对梨树影响小，是梨树种植园秋末到初春的优质间作蔬菜。在梨园间作荠菜，不仅可提高土地利用率，增加收入，还有利于改善梨园土壤结构，增加土壤肥力，消灭梨园杂草病虫害，确保梨树安全越冬。

一、整地

荠菜种子细小，要把土地整平、整细，拣去杂草垃圾，在距梨树根部 1 m 处设置畦墙，浅耕细耙畦内土层，施足基肥，土层过旱需浇水，使土壤墒情合适。

二、播种

10 月中旬播种，每亩播种量为 1.5 kg。荠菜种子拌土撒播，力求均匀。播后用脚将畦面轻轻踩踏一遍，使种子与泥土紧密接触，以利于种子吸水，提早出苗。

三、田间管理

荠菜出苗后，需加强肥水管理。秋播荠菜生长期长，生长期间需追肥 4 次，每亩每次浇稀的充分腐熟的人畜粪尿 2 000 kg。荠菜种植的密度大，需水也多，要经常浇灌，以保持土壤湿润。出苗后除草 2 次。荠菜病害较少，蚜虫是荠菜的主要害虫，应及时防治，采取物理防治法，拔除病株去除病害。

四、采收

秋播荠菜采收期长，梨园间作的荠菜可以一次播种，多次采收，以提高产量，延长供应期。采收时做到细收勤收，密处多收，稀处少收，使留下的荠菜平衡生长。

梨园间作荠菜，在投入增加不多的条件下，经过冬春采收，每亩增收荠菜 500 kg 以上，增加收入 2 000 余元。

第二节　梨园套种香菇技术

利用梨园的空闲空间来种植香菇的生产方法(图 5-1)，可以充分利用土地资源。利用果树修剪下的枝条做食用菌培养基材料，实现废弃果树枝条的有效利用。果园中的果树为香菇的生长发育提供潮湿环境、充足的氧气和适量的散射光线。生产后的菌渣作为一种有机物料直接深翻到果园土壤中，既能肥土育林，改良土壤结构，又能解决废弃菌渣难以处理的问题，达到资源循环利用、环境友好、可持续发展的效果。

图 5-1 梨园套种香菇

一、梨园的选择与处理

选择 3 年以上的结果园建拱形棚，拱形棚的高度是 2.5 m；果园地平面与水平面的夹角为 15°，果树间行距 3 m；拱形棚自外向内依次设置有塑料镀铝反光薄膜、保温层和塑料薄膜与防虫网结合层，防虫网为 60 目；拱形棚两侧，距离地面 80 cm 处设置有手摇式升降卷帘机；拱形棚内设置有自动喷淋装置。果园中的果树为香菇的生长发育提供潮湿环境、充足的氧气和适量的散射光线，镀铝反光薄膜可增加反射，促进果树光合作用。

二、配制培养基拌料

培养基拌料的重量配比为，苹果枝屑73%，棉籽壳10%，麸皮15%，石膏粉1%，石灰粉1%；培养基拌料的具体配制方法为，将苹果枝屑和棉籽壳预湿建堆后撒上石膏粉和石灰粉，混合、建堆，调整水的重量比为50%～55%，建堆3～4 d后加入麸皮和水，重新搅拌，并调整水的重量比为60%～65%，得到培养基拌料。

三、装袋、灭菌、接种

装袋的具体方法是将培养基拌料装入装料袋(装料袋为长×宽55 cm×15 cm的聚丙烯装料袋，聚丙烯装料袋的优点是可实现对菌包进行高压灭菌或常压灭菌)，填料长度为40 cm，每袋的湿重为3.6～4.0 kg，将装好的装料袋扎紧后得到菌包。在装好的装料袋扎紧后即刻进行高压灭菌；灭菌后在气温10～30℃时选择中高温菌种香菇939和香菇808的3级菌种填充到菌包内；每个菌包包括菌种8～10 g，每亩用填充的菌包1 800～2 000袋。果园栽培香菇，应根据当地气温，并岔开果树采收和果树枝条修剪期进行栽培，南方以10月中旬制种，来年4～9月份进行栽培，4月中旬开始出菇为宜；正常情况下从接种至收获结束需时4～6个月。

四、发菌

菌包的湿度控制在50%～70%，气温控制在20～25℃；菌包接种后35～45 d后，菌丝体完全吃透料，切开料层培养基由棕褐色变成棕黄色，松散的木屑变成海绵状，这时应及时进行排菌处理。

五、排菌

长满菌丝后，在棚内建两条畦(畦宽60～80 cm，畦深8～

10 cm，畦间距离为 30～40 cm)；对畦撒干石灰粉消毒后，将发菌处理后的菌包脱去装料袋排放于畦内，菌包之间的空隙填充土或碎菌块（可减少畸形菇出现)，在菌包上覆地膜(可防止菌包水分流失过快)进行排菌，排菌 20～30 d 后进行出菇管理。

六、出菇管理

排菌后，保持棚内气温为 20～25℃，并保持菌包含水量 50%～60%，每天掀膜换气，30 d 后掀开地膜，早晚各喷一次水，调控空气相对湿度 85%～90%，避免太阳光直射，持续 3 d 或 3 d 以上，菇蕾形成后，增加棚内空气湿度至 90%～95%，并保持通风，3～5 d 后采收第一茬菇。排菌后，保持棚温度 23℃左右，可促使香菇原基形成；掀开地膜的目的是进行昼夜温差刺激和干湿差刺激使其形成原基、菇蕾；白天应避免喷水，以免影响温差。出菇期间应提供少量的散射光线，防止太阳光直射造成原基和幼蕾枯死。

七、采收

当菌盖边缘向内卷曲呈铜锣边状，菌膜刚破裂时进行采摘。采摘时轻旋根部把菇柄完整地摘下，注意不要伤到其他小菇蕾，把菇柄完整地摘下来，可以避免残根腐烂，造成污染。当菌盖边缘向内卷曲呈铜锣边状，菌膜刚破裂时证明子实体达到了七八成熟，七八成熟是子实体最合适的采摘时节，过迟或过早采摘均会影响香菇的产量和质量。采收应在晴天条件下进行。第一茬菇采收完成后进行 7～10 d 的养菌，调整棚内湿度至 85%～90%，增加通风换气频率，持续 3～5 d；按第一茬菇的培育条件培育第二茬菇。

第三节　梨园套种鸡腿菇技术

鸡腿菇因其形如鸡腿，味似鸡丝而得名，是近年来人工栽培的具有商业潜力的食用菌，被誉为"菌中新秀"。鸡腿菇具有高蛋白、低脂肪的优良特性。鸡腿菇产品的市场需求量越来越大，鸡腿菇的栽培也已经成为我国农村高效农业生产的经营项目。由于鸡腿菇生长需要特定的环境条件，确保温度、湿度、光照度符合要求。因此，栽培鸡腿菇需要建造专门的大棚或者房屋设施，不仅占用耕地，而且需要一定的资金投入，增加了生产成本。如果利用梨园三分阳七分阴的自然条件，为鸡腿菇提供生长发育的场所，不需要建造专门的大棚或者房屋设施，能够减少资金投入，节约生产成本，可以提高栽培经济效益 20%～30%。

一、鸡腿菇培养料原料的收集与处理

鸡腿菇培养料原料是工农业有机废弃物，包括醋渣、酒精渣、木薯渣、菌渣及芦苇末、农作物秸秆、树枝条、落叶、野草等。各种有机废弃物均需晒干粉碎并进行发酵腐熟处理。

二、鸡腿菇培养料配方及菌袋制作

鸡腿菇培养料配方是有机废弃物 66%，棉籽壳 20%，麸皮 12%，石灰粉 2%，培养料含水量 60%，pH 7～8。鸡腿菇菌袋的制作方法是：按照配方比例将培养料均匀搅拌发酵后装入塑料袋容器内，每袋装干料 0.8 kg，接种后发菌 25～35 d，形成发好菌丝的成品菌袋。

三、梨园场地处理

清除梨园杂草及杂物，在梨园中开挖深 25 cm，宽 80 cm，长

6 m 的菇床，并用石灰粉消毒处理，然后将发好菌丝的成品菌袋摆放在菇床内，覆 3 cm 厚的碎土，浇足水分，盖上薄膜、草帘或者遮阳网，保持 15～20 d，鸡腿菇就能破土而出。

四、套种时间选择

嘉兴地区一般 4～6 月栽培，9 月下旬至 11 月上旬出菇。

五、鸡腿菇的采收

鸡腿菇的子实体成熟速度快，必须在蕾期、菌环尚未松动、钟形菌盖上出现反卷毛状鲜片时采收。如菌环已振动或已脱离菌柄时采收，则菌褶自溶流出黑褐色的孢子液而完全失去商品价值。采收时用手轻握菇体旋转式拔起，用利刃削除菇脚泥土即可上市鲜销或加工成干品出售。

第四节　梨园养鹅技术

鹅被认为是人类驯化的第一种家禽，它来自于野生的鸿雁或灰雁。鹅肉含蛋白质、脂肪、维生素 A、B 族维生素、糖，其中蛋白质的含量很高，同时富含人体必需的多种氨基酸以及多种维生素、微量元素，并且不饱和脂肪酸含量高，对人体健康十分有利。2002 年，鹅肉被联合国粮农组织列为 21 世纪重点发展的绿色食品之一，适宜身体虚弱、气血不足、营养不良的人食用，特别适合在冬季进补。

现有的养鹅方式有放养和圈养两种。圈养鹅的成本高、风险大，且食物品种单一，养出的鹅羽毛参差不齐且毛色暗淡，肌肉结构较松，脂肪含量较高，营养价值较低。采用在梨园中放养与圈养相结合的果园式养鹅方法（图 5-2）可解决圈养鹅成本高、风险大、鹅食物品种单一、鹅羽毛参差不齐且毛色暗淡、鹅肌肉结构较松、鹅肉脂肪含量高、鹅肉营养价值较低、养殖周期长、见效慢的问题。

图 5-2　梨园养鹅模式

一、果园的选择及处理

选择地势平坦，土地肥沃，野草丰美，通风良好，面积 10 亩的果园进行养殖。放养鹅群前先用高 1.5 m 的铁丝网把果园四周围起来，并用高 1.5 m 的铁丝网将果园分成面积相同的三个区域。鹅群采用轮流放养制养殖，每个区域放养鹅群的时间为 1 周，并在放养鹅群前 14 d 在果园地面施加未腐熟的农家肥 70 kg/亩、灌溉水 350 kg/亩对果园的土壤追肥，并施加熟石灰 15 kg/亩消毒，或在放养鹅群结束后次日在果园地面施加未腐熟的农家肥 70 kg/亩、灌溉水 350 kg/亩对果园的土壤追肥，并施加熟石灰 15 kg/亩消毒。

二、鹅舍建造

鹅舍长 5 m、宽 3 m、高 1.5 m，鹅舍离地 0.3 m，底部和四周都用木板制作，上方设置防雨装置，舍内设置一个面积 7 m^2 的恒温室。

三、雏鹅选择

选择的雏鹅要羽毛蓬松、毛色发亮、脚部粗壮、叫声洪亮，每亩果园需选雏鹅 80 只。

四、饲料

饲料 A 由以下重量份原料组成：玉米粉 30～35 份、大麦 10～15 份、花生饼 10～15 份、鱼粉 5～10 份、豆饼 5～10 份、麦麸 5～10 份、草粉 5～10 份、米糠 5～10 份、骨粉 3～5 份、食盐 1～3 份、生长素 1～3 份；饲料 B 由以下重量份原料组成：玉米粉 20～25 份、大麦 20～25 份、花生饼 20～25 份、鱼粉 10～15 份、豆饼 5～10 份、麦麸 5～10 份、草粉 10～15 份、米糠 5～10 份、骨粉 3～5 份、食盐 1～3 份、生长素 1～3 份。

五、雏鹅前期管理

15 日龄内的雏鹅于鹅舍中的恒温室养殖，室温保持在 32℃，保持室内干燥，每日更换鹅的饮用水 5 次，鹅的饮用水水温需保持 30℃，每日消毒鹅舍一次，每日用饲料 A 投喂 8 次，投喂量为每次每只 30 g。

六、雏鹅后期管理

16～30 日龄的雏鹅于鹅舍内饲养即可，不需要放到恒温室中养殖，保持室内干燥，每日更换鹅的饮用水 3 次，鹅的饮用水水温需保持 30℃，每 3 d 消毒鹅舍一次，每 3 d 于果园中放养 5 h，雨天不能于果园中放养，每日用上述饲料投喂 6 次，投喂量为每次每只 80 g。

七、中鹅期管理

31～70 日龄的中鹅于果园中放养，雨天于果园中放养 8 h，非雨天整日于果园中放养，每日更换鹅的饮用水 2 次，每日用饲料 B 投喂 3 次，每次投喂的饲料量为鹅体重的 10%。

八、肥育期管理

肥育期时间为 30～35 d，肥育期把鹅圈养于鹅舍内，每日消毒鹅舍一次，每日更换鹅的饮用水 3 次，于投喂饲料时更换鹅的饮用水，每日用饲料 B 喂养 3 次，每次投喂的饲料量为鹅体重的 12%。

九、后备期管理

后备期为 20～25 d，后备期把鹅放养于果园内，雨天于果园中放养 12 h，非雨天整日于果园中放养，每日更换鹅的饮用水 2 次，每日用饲料 B 投喂 3 次，每次投喂的饲料量为鹅体重的 10%。

十、收获成鹅

饲养鹅 130 d 即可收获成鹅，95%以上个体可达 8 kg 以上。

第五节　梨园套种辣椒技术

梨园生产投资大，经济回收期长，前期果农负担重。为了提高幼龄梨园土地利用率，增加果园前期经济收益，达到以短养长的目的，梨园套种蔬菜被广泛应用，梨园套种辣椒(图 5-3)是一种生产成本较低而经济效益较高的栽培方式。应根据当地气候、土地、肥水和劳力等具体情况来选择采用间套作的形式。梨园果树行距大，定植后可间作辣椒，以充分利用土地，增加经济收入，还可以抑制梨园杂草生长,免除施用除草剂,保护生态环境。

图 5-3 梨园套种辣椒

一、梨园地的选择

选择土层深厚、肥沃、不含重金属,周边无污染源,灌溉条件好,交通便利,其中梨树不超过 5 年生的梨园。

二、辣椒育苗

根据园地所处海拔高度,确定辣椒品种、下种育苗时间和种植面积,然后进行苗种水肥、揭棚管理,待辣椒苗生长至 23 cm 时选择晴天移栽。

三、施肥覆膜

基肥是辣椒生产的重要养分来源,因此要施足基肥。施以腐熟农家肥、商品有机肥、高钾中氮低磷硫酸钾型控释复合肥和生物肥。其中,农家肥充分腐熟,用量为 1 850 kg/亩,商品有机肥用量为 60 kg/亩,控释复合肥用量为 150 kg/亩,生物肥用量为

65 mL/亩，以条播起垄覆膜备栽。

四、辣椒种植

根据梨园果苗定植株行距确定辣椒株行距。待辣椒采摘5次果后，对肥力较差、底肥不足田块补追高含量速效复合肥 15 kg/亩。辣椒生长中后期喷施磷酸二氢钾叶面肥，每 20 d 喷施一次，喷施 5 次。梨园内设置黄色粘虫板来防止虫害。

梨园套种辣椒的种植方法，在种植中前 5 年商品辣椒亩产可达到 3 500～4 000 kg，每年每亩梨园套种辣椒可收入 5 000～8 000元。5 年后，辣椒和梨园内水果开始同时收益，即梨园套种辣椒亩收入可实现高产优质的高效种植目标。梨园套种辣椒的种植方法能有效控制滥施除草剂、农药问题，有效提高地力，保护生态环境。

第二部分　猕猴桃园立体种养模式与实用技术

第一节　猕猴桃园套种魔芋技术

魔芋别名蒟蒻，属天南星科多年生宿根性块茎草本植物，主要产于东半球热带、亚热带，中国为原产地之一，四川、湖北、湖南、云南、贵州、陕西、广东、广西、安徽、福建、台湾等地山区均有分布。魔芋是有益的碱性食品，对食用动物性酸性食品过多的人，搭配吃魔芋，可以达到食品酸碱平衡，对人体健康有利。目前世界各地对魔芋的保健、医疗作用作了许多临床试验研究，结论基本一致，其中主要成分魔芋葡甘聚糖属水溶性半纤维素，其突出的营养保健功能在于能发挥膳食纤维对营养不平衡的调节作用，它与白菜、芹菜等蔬菜类中所含非水溶性的纤维，进入人体后原形排出者不同，它能参与人体的代谢作用，使肠道菌向有利于健康的方向变化。

魔芋的根系大部分分布在 25 cm 以上的表土层范围内，而猕猴桃的根系大部分分布在地表下 30～60 cm 的范围内，因此，猕猴桃与魔芋套种可以充分有效地利用各土壤层。猕猴桃园郁闭度大，而魔芋喜阴，猕猴桃架下阴凉的环境和散射光源正好为魔芋的生长提供了适宜的条件，可以提高魔芋的质量和单株产量。猕猴桃和魔芋的除草、追肥、灌溉可以同步进行，在少增加劳动力的情况下大大增加劳动效果。魔芋与猕猴桃套种，提高了土地的利用效率，将猕猴桃架下废弃的空地变为可有效利用的魔芋种植地，充分利用了土地资源和光合资源，大大提高了单位土地的经济效益。

一、选址

选取 4 年生以上的猕猴桃园植株间空地，猕猴桃植株间距离为 3 m，架高 1.8 m。

二、撒施基肥

根据猕猴桃植株的行株距情况，在距离猕猴桃树基 80 cm 以外的空地上撒施基肥，每亩施堆肥 4 000 kg，消毒粉 50 kg（消毒粉由硫黄粉、生石灰、草木灰按照 1 ∶ 25 ∶ 25 的比例均匀混合配制），均匀铺撒。

三、整地

翻耕 30 cm，耙碎搂平，然后挖沟起垄，沟宽 20 cm，垄高 20 cm，垄宽 140 cm，作为魔芋栽培畦。

四、选种

选择无伤、无病、口平、窝小、叶芽短壮、表皮幼嫩的种芋，按照大小规格分类待播。

五、催芽

在播种前15～20 d，将种芋用0.8%的硫脲溶液浸泡3 h，然后取出晾干，再用0.05%的高锰酸钾溶液浸泡22 h，然后取出晾干；再放入温度为20℃、空气相对湿度70%的环境中催芽10 d。

六、播种

时间为3月底至4月上旬，将种芋播种于深度为15 cm的窝沟中，播种的行距为种芋直径的7倍，株距为种芋直径的4倍，播种时将种芋叶芽朝向东方倾斜45°。

七、施底肥

播种时先在窝沟底部埋底肥(底肥由硫酸钾、钙镁磷肥、过磷酸钙、草木灰按照1∶2∶3.5∶5的比例均匀混合配制)，每窝30 g，然后覆土，再播种，再覆土，再铺撒一层底肥，再覆土，每亩撒施底肥180 kg。

八、除草

播种后用48%乐斯本乳油1 000倍液喷洒畦面杀虫，然后立即覆盖稻草。5月底用10%草甘膦250倍液进行田间喷雾除草，魔芋出苗后用手除草。

九、追肥

分别在6月下旬、9月上旬、10月初各追施一次清粪水于叶柄基部，每次每亩灌施 800 kg。

十、采收

11 月下旬，待地上部分倒伏枯死且容易剥除后，选择晴朗天气采挖，从距离植株 20 cm 处深挖 25 cm，清除泥沙，除掉鞭须，晾干表皮水分再收集贮藏。

第二节　猕猴桃园养殖蚯蚓并套种玉簪技术

在我国，人工养殖蚯蚓工作是一项新兴的事业，它能作为畜、禽、鱼类等养殖的蛋白质饲料，可以利用蚯蚓改良土壤，培育地力，还能处理城市有机垃圾，化废为肥，消除有机废物对环境的污染。蚯蚓在我国各地都有分布，生活在森林、灌木、果园、菜园、农田、住宅、公园、庭园、寺庙、高山、平地、丘陵等地。蚯蚓主要以腐烂的有机物为食，只要是无毒的、酸碱度不过高或过低、盐度也不过高，能在微生物作用下分解的有机物都可以作为蚯蚓的饲料(但是，蚯蚓一般不吃生长着的植物有机体)。任何畜禽粪便及酿酒、制糖、食品、造纸和木材等加工的有机废料，如酒糟、蔗渣、锯末、麻皮、废纸浆、食用菌渣等都可作为蚯蚓的食物。

玉簪因其花苞质地娇莹如玉，状似头簪而得名。碧叶莹润，清秀挺拔，花色如玉，幽香四溢，是中国著名的传统香花，深受人们的喜爱。玉簪性强健，耐寒冷，性喜阴湿环境，忌强烈日光暴晒，因此需要潮湿、温暖的环境，并且其对环境的要求也不高，需肥量也少，在贫瘠的土壤中也能生长。玉簪在园林中可用于树下作地被植物，或植于岩石园或建筑物北侧，也可盆栽观赏或做切花用。

猕猴桃的种植行距一般较大，使猕猴桃园的种植目前存在空闲土地得不到充分利用的问题，在土地资源日益匮乏的今天，在猕猴桃园的空闲土地养殖蚯蚓并套种玉簪，蚯蚓可以改良猕猴桃园中土壤的理化特性，对猕猴桃和玉簪的品质起到促进作用，这对充分、合理地利用土地具有十分重要的意义。

一、猕猴桃的种植

(一) 搭建猕猴桃架

直立支柱用水泥柱，横梁用 6 cm×6 cm 的角铁架设，直立支柱的横截面通常为 10～12 cm^2；直立支架长为 2.1～2.6 m，埋入土中 60～80 cm，横梁长 2～2.5 m，横梁上架设 3～5 道铅丝，铅丝采用 8～10 号镀锌铅丝。

(二)猕猴桃“单干双主蔓树形”的培养

猕猴桃苗定植后剪留 2～3 个饱满芽，在植株旁插竹竿，从发出的新梢中选一生长最健旺的枝条作为主蔓，将其用细绳固定在竹竿上，每隔 25 cm 绑一道，引导其直立向上生长，注意不能缠绕竹竿。如果生长一定时间后生长减弱或发生缠绕可进行摘心，促发二次枝、继续培养强旺主干。其他新梢作为辅养枝保留 2～3 片叶摘心，对于嫁接口以下发出的萌蘖及时去除。冬季修剪时将主蔓剪留 3～4 个饱满芽，其他枝条全部从基部疏除。

第二年从当年发出的新梢中选择一长势强旺者固定在竹竿上引向架面，其余新梢全部尽早疏除（选留新梢即为主干）。主干先端开始缠绕其他物体时摘心，发出二次枝后再选一强旺枝继续引导。主干高度超过架面 30～40 cm 时，沿中心铅丝弯向一边作为一个主蔓；同时在弯曲部位下方附近发出的新梢中，选一强旺者将其引导向相反一侧沿中心铅丝伸展作为另一个主蔓。主蔓在架面上发出的二次枝全部保留，分别引向两侧的铅丝固定。冬季修剪时，将架面上沿中心铅丝延伸的主蔓和其他枝条均剪留到饱满芽处，单主干双主蔓树形基本确定。

二、套种玉簪

在猕猴桃栽植后的第四年 3 月份利用分株方法对玉簪进行穴植，穴深 15～20 cm，株距 40～45 cm，行距 55～60 cm，每两行猕猴桃之间栽植 4 行玉簪。

三、养殖蚯蚓

玉簪栽植后铺一层 1～2 cm 的田园土，投放蚯蚓，养殖密度为 1 300～1 800 只/m^2。

(一) 蚯蚓饲料的配制

饲料配比为粪料 65%，草料 35%，粪料为鸡、鸭、羊、兔等的粪便，草料为木屑、杂草、秸秆、瓜秧或树叶。

(二)饲料的发酵

草料切成 10～13 cm 长，干粪及工业废渣等块状物应大致拍散（有毒物质不能使用）。然后堆制，先铺草料后铺粪料，草料每层厚 20 cm，粪料每层厚 10 cm，堆制 6～8 层约 1 m 高，长度宽度不限，料堆松散，不要压得太实。做成圆形或方形的料堆后，用洒水桶在料堆上慢慢喷水，直到四周有水流出停止，用稀泥封好或用塑料布覆盖。料堆一般在第二天开始升温，4～5 d 后温度可升到 60℃以上。10 d 后进行翻堆，第二次重新制堆。即上层翻到下层，四边的翻到中间。把料抖散，把粪料和草料拌匀。发现有白蘑菇菌丝说明堆料过干，需加水调制。10 d 后再翻堆，进行第三次重新制堆。经过 1 个月的堆制发酵即可腐熟。

(三)投放饲料

黄昏时投放饲料，一天投放一次，投放量为一次 10～20 g/m^2。

(四) 采收蚯蚓

当蚯蚓 80%个体达到 13 g 以上时进行采收。

第三节　猕猴桃园养殖蜗牛并套种苜蓿技术

蜗牛在我国各地都有分布，生活在森林、灌木、果园、菜园、农田、住宅、公园、庭园、寺庙、高山、平地、丘陵等地，分布十分广泛。蜗牛营养丰富，味道鲜美，高蛋白，低脂肪，低胆固醇，富含 20 多种氨基酸。蜗牛作为人类的高蛋白低脂肪的上等食品和动物性蛋白饲料，日益受到人们的重视。阴暗、潮湿的环境是蜗牛生长所必需的条件。

在猕猴桃园中合理种植苜蓿并养殖蜗牛，一方面苜蓿和猕猴桃藤架为蜗牛提供阴凉、潮湿的环境，生长更快；另一方面，种植的苜蓿还可以为蜗牛所食，可以减少蜗牛的每次喂食量，减少喂食成本。猕猴桃园中种植苜蓿，再在其中养殖蜗牛，充分利用了土地、空间，可提高土地利用率，实现经济价值的提升。

一、猕猴桃的种植

猕猴桃的种植同第 111～112 页第二节“一、猕猴桃的种植”。

二、套种苜蓿

(一) 苜蓿接种根瘤菌

将根瘤菌剂配成 1%～2%的水溶液(每 500 g 根瘤菌剂水溶液拌苜蓿种子 1 kg)，使其吸附在种子上，不要用干菌剂直接拌种，用温水浸过的种子晾干后再接菌。

(二)套种苜蓿

在猕猴桃栽植后的第二年 2～3 月份套种苜蓿，在猕猴桃生长的前 4 年，每两行猕猴桃间播种四行苜蓿，亩用种量为 0.8 kg；第 4 年以后，每两行猕猴桃间播种两行苜蓿，亩用种量为 0.4 kg。

(三)苜蓿实时分批采收

当苜蓿植株平均株高为 50 cm 时采收。

三、养殖白玉蜗牛

将沙子、田园土和陈石灰以 5∶5∶1 的体积比进行混合；苜蓿栽植后铺一层 1～2 cm 的沙子、田园土与陈石灰的混合物；黄昏时投放饲料，2 d 投放一次，每次投放量为 20 g/m^2；饲料配比按重量份计为：米糠 65 份、大豆饼 18 份、骨粉 12 份、碳酸钙 0.3 份和复合维生素 0.03 份；蜗牛的养殖密度为 200 只/m^2。当白玉蜗牛 80%个体达到 50 g 以上时进行采收。

第四节 猕猴桃园套种大球盖菇技术

大球盖菇又名皱环球盖菇、皱球盖菇、酒红球盖菇，是国际菇类交易市场上的十大菇类之一，也是联合国粮农组织(FAO)向发展中国家推荐栽培的蕈菌之一。事实证明，大面积推广种植大球盖菇具有非常广阔的发展前景。一是栽培场地广阔，山地、果园、大田均可栽培大球盖菇；二是栽培技术简便粗放，可直接采用生料栽培；三是栽培原料主要为稻草、麦秸等秸秆，原料来源丰富，可以作为我国广大农村处理秸秆的一种主要措施，栽培后的废料可直接还田，改良土壤，增加肥力；四是大球盖菇抗逆性强，适应温度范围广，可在 4～30℃范围出菇；五是大球盖菇产量高，营养丰富，被广大生产者和消费者所接受。

在猕猴桃园区套种大球盖菇，通过采用猕猴桃树枝屑、农作物秸秆(水稻、小麦、玉米秸秆等一种或混合)作为辅料，薯蓣皂素生产的废渣废水调节土壤 pH，秸秆覆盖畦床用于出菇的技术生产大球盖菇。本技术充分利用土地资源、猕猴桃树枝屑、农作物秸秆、薯蓣皂素废渣废水，解决了薯蓣皂素废渣废水对环境的污染，降低了猕猴桃土壤改造和覆盖成本，提高了土地的产出率，在不改变猕猴桃产量的同时生产大球盖菇，达到增产创收的目的。

一、原料的收集和加工

原料选用冬夏季修剪下来的猕猴桃果树枝条，选用专业的枝条粉碎机械，粒度大小控制在 5～10 mm，制成猕猴桃树枝屑；水稻、小麦、玉米秸秆切成 1～3 cm 小段，以 1∶1∶1 的比例混合制成秸秆短料。

二、材料浸泡

培养基 A 料为 50％的猕猴桃树枝屑、50％的秸秆短料混合物，将混合均匀的培养基 A 料装入透水袋子放入水沟、水池中浸泡 2 d，然后自然沥干，控制含水量为 70％～75％。另外浸泡稻草或麦草原草，浸泡时要边浸边踩，以便浸透水分，稻草浸泡 2 d，麦草浸泡 1 d，然后自然沥干，控制含水量为 70％～75％，用于畦床发菌阶段的保温、保湿和出菇阶段幼蕾防晒。

三、培养基配制

将浸泡后的培养基 A 料中按以下重量份加入草炭、麦麸和水：培养基 A 料 85 份(干料计)、草炭 10 份、麦麸 5 份，水适量，将以上物料混合均匀，控制水分为 60％～70％，然后建堆发酵。

四、堆制发酵

将培养基堆成底宽 3 m，高 1.5 m，长不限的梯形堆，料堆好后从料堆顶面向下打孔洞至地面，孔距 40 cm，孔深 10 cm 以上，并在料堆两侧面打孔洞，间距 40 cm，深度至料堆中心，防止料堆中部和底部缺氧。料堆四周用草帘封围,3 d后堆内开始升温,当料堆内温度达到55℃时,开始计时,保持48 h以上,当料内有白色粉末状高温放线菌出现,开始第一次翻堆,翻堆时将内层温度较高部位的料翻到地面层,表层及邻近地面的低温料翻到高温层位置。重新建堆后扎孔洞,当料温再现55℃以上时,再保持2～3 d,检查培养料发酵程度,当料呈茶褐色,料中有大量粉状白化物,无氨臭及料酸味,质地松软即为发酵好的标志。发酵好的料要及时散堆降温,当料温降到25℃以下时方可铺料播种使用。在散堆时,要进行一次调水措施,控制水分为65%。发酵后的培养基称为培养基B料。

五、场地整理及杀虫

栽培场地确定后,根据土壤pH状况,采用薯蓣皂素酸性废渣废水均匀覆洒,混合均匀,调整猕猴桃生产最适土壤pH为5.5～6.5,水分控制在40%,然后把地整成畦床形,中间稍高,两侧稍低,高25 cm、宽80 cm、长不限,挖出的表层土堆放在一侧,作覆土用。畦建成后,在畦上泼浇2.0%羊粪沼气粪肥水,喷洒辛硫磷2 000倍液,进行全面的杀虫处理,杀菌3 d后进行铺料及播种。

六、铺料及播种

先在畦床底部铺一层10 cm厚的稻谷壳,然后铺一层10 cm厚的培养基B料,在培养基B料中播一层菌种。播种时将菌种掰成2～3 cm的块状,菌种按8 cm×8 cm(长×宽)穴播,穴深4 cm;每平方米用培养基50 kg,用种量为500 g。培养基和菌种播种结束,将培养基B料用木板轻轻拍平,从畦床培养基两侧面扎两排3～5 cm粗的孔洞至畦床中心下部床面,呈品字形,孔洞间隔15～20 cm,使畦床培养基中心有充足的氧气,并防止畦床中心培养基升温伤菌。然后覆土,覆土厚度为2 cm,覆土土壤pH控制在5.5～

6.5之间，水分控制在40%。覆土后在畦面铺一层2～3 cm厚的稻草、麦草或草帘，用于发菌阶段的保温、保湿和出菇阶段幼蕾防晒。

七、发菌期管理

播种后40～50 d内将料温控制在20～25℃之间，培养料含水量65%～70%，空气相对湿度85%～90%。覆盖秸秆上面喷水保湿，加盖遮阳网或增加插孔散热。

八、出菇期管理

在出菇前用辛硫磷1 500倍液再次杀虫处理，防止出菇期害虫危害子实体。控制培养料温度14～25℃，保持覆土层呈湿润状态，培养料含水量控制在65%，空气相对湿度达到90%～95%。每天翻动覆土层上面的秸秆一次，有利于通风，秸秆上面喷两次水，以喷水时多余的水分不会渗入培养料为度，采用少量多次喷水的原则。

九、采收

从幼菇露出白点到成熟需5～7 d，整个生长期可收三茬菇，一般以第二茬的产量最高，以没有开伞的为佳。子实体的菌褶尚未破裂或刚破裂，菌盖呈钟形时为采收适期，最迟应在菌盖内卷，菌褶呈灰白色时采收。达到采收标准时，用拇指、食指和中指抓住菇体下部，轻轻扭转一下，松动后再向上拔起。注意避免松动周围的小菇蕾。采收菇后，菌床上留下的洞口要及时补平，清除留在菌床上的残菇，以免腐烂后招引虫害而危害健康的菇。采收的鲜菇应切去其带泥的菇脚，去除残留的泥土和培养基等污物，剔除病虫菇，进行鲜菇销售。鲜菇在2～5℃温度可保鲜2～3 d。

十、培养基还园

大球盖菇采收后，根据培养基 pH 状况，采用薯蓣皂素酸性废渣废水均匀覆洒，混合均匀，调整培养基 pH 为 5.5～6.5，用于猕猴桃园土壤覆盖。

第三部分　桃园立体种养模式与实用技术

第一节　桃园套养蚯蚓技术

嘉兴凤桥水蜜桃以味浓甜、带香味、无苦涩味，皮色黄绿，果顶及向阳面呈霞红，果皮厚韧、耐贮运而著称。蚯蚓（也称地龙）是具有较大经济价值的动物。蚯蚓的药用价值很高，是一种用途很广泛的中药，其性寒、味咸，具有清热定惊、通络、平喘、利尿的功效。近年来，随着科学技术的发展，蚯蚓新的功能不断被发现，并从药理学、生物化学、有效化学成分方面，对其作用机制进行了全面研究。现已被广泛用于平喘、溶栓、抗凝、降血压、促进皮肤新陈代谢等方面。蚯蚓还是多种重要医药的原材料，比如治疗心脑血管疾病的激酶，就是从蚯蚓中提取出来的。另外，蚯蚓是高蛋白动物（蛋白含量达 70%），可作禽畜、水产养殖的上等饲料。蚯蚓含有丰富的氨基酸、酶类、维生素和活性物质，可用以开发保健食品、化妆品；特别是由于蚯蚓能以工业、农业及城乡生活有机废弃物为食，并将其转化为优质的抗菌性有机肥料，因此桃园养殖蚯蚓（图 5-4）对于环保及发展有机农业具有重要的经济意义和现实意义。用蚯蚓来处理生活垃圾和秸秆等废弃物，减少用焚烧方法产生的热量和烟雾，也是发展低碳经济的有利措施。

图 5-4 桃园养殖蚯蚓

一、桃园规划

在嘉兴市凤桥镇已生长 10 年的水蜜桃果树的种植地，根据桃树和蚯蚓都喜湿润忌积水的特性，每 4 m 挖一条排水沟，以排涝及降低地下水位；桃树的种植株距 4 m，植株均起墩种植，墩高 15 cm。

二、套养蚯蚓

每年 3 月下旬在桃树株间，在离开桃树 30 cm 的范围中，用市售的 EM 菌（即益生菌）发酵牛粪作基料，铺设 15 cm 高的养殖床，按照每亩 60 kg 的种蚓量均匀投入种蚓，种蚓的品种为通俗环毛蚓，由上海富年药材有限公司购买。覆盖市售尼龙遮阳网，每隔 5 d 喷一次水。在下雨日停止喷水，下大雨则做好排水工作。保持养殖床湿度在 60%～70%之间。每隔 10 d 清除土表蚯蚓粪转移至桃树根周围作为桃树的肥料，并再添加 3 cm 厚蚯蚓的饲料即发酵牛粪一次。

6 月中旬,养殖床成蚓密度达每平方米 1 万条左右时进行鲜蚓收获。每亩田可收得鲜蚯蚓 810 kg。6 月下旬,以发酵好的牛粪作基料,按上述方法于 6 月中旬重新铺设 15 cm 高的养殖床,按照每亩 80 kg 的种蚓量均匀投入种蚓,并按上述方法管理。在 7 月中旬至 9 月中下旬盛暑期需要每天喷一次水,降低土壤的温度。10 月中旬养殖床成蚓密度达每平方米 1.1 万条左右时进行鲜蚓的第二次收获。每亩田可收获成蚯蚓 780 kg。

三、蚯蚓粪的处理

每次添料前清理出来的面层蚯蚓粪,每亩田得 5 000 kg。其中 3 000 kg 用于附近桃树植株的施肥,2 000 kg 经过晾干,供制作其他有机肥用。

经过试验对比,未套养蚯蚓的水蜜桃树,叶片细薄,果味微带酸;而套养蚯蚓的桃树,叶片肥厚宽阔,果味更甜无酸感,且产量也有所提高,每亩还可收获鲜蚯蚓 800 kg 左右(蚯蚓的产值较高),实现水蜜桃及蚯蚓共育双增效,社会、经济、生态三方面效益的同步提高,促进农业生产向低碳、环保和可持续方向发展。

第二节 桃园养鸡技术

桃园养鸡(图 5-5)是一种应用广泛的散养肉鸡方法,这种方法充分利用桃园空隙,节省了养殖成本,扩大了鸡的活动范围,实现鸡的绿色养殖。然而养殖户在进行林下养鸡时,为了增加肉鸡生长速度,存在投食饲料蛋白含量过高的问题,长期食用高蛋白饲料,容易导致鸡采食量下降,其他营养摄入不足,影响其生长发育。

图 5-5　桃园养鸡模式

一、选择桃园

选择背风向阳，水源充足的桃园，在桃园周围设置高 2 m 的围栏，并在桃园中建设鸡舍，舍中间高，两边低，宽 6 m，中间高 3 m，两边高 1.5 m，舍内设置栖架，四周挖好排水沟。在桃园中用长 2 m，直径 15 cm 中间去节的竹槽饮水，并在竹槽着地部分固定三根长 20 cm 的横挡，桃园地面均匀铺满豆末（大豆秸秆、豆叶和病变豆的粉碎混合物）。

二、放养

将桃园空置 2 个月，再将鸡在桃园进行小规模圈养 10 d，使鸡听从口令和信号，然后将鸡散养在桃园中，放养密度为每平方米一只。

三、饲养

每天白天将鸡放入桃园中觅食饲养，晚上赶鸡入鸡舍，采用自由采食喂养，每天早、中、晚各投食饲料一次，饲料主要由豆末和虫卵组成。每天早、中、晚各巡视桃园一次，防止鼠群对鸡的侵害。

四、疾病防治

饲养过程中，在 500 g 饲料中放入 0.4 g 的青蒿琥脂素和 0.5 g 的小苏打，且定期给鸡苗注射疫苗。

在桃园里放养鸡的方法，采用豆末和虫卵进行喂食，豆末中含有大量的蛴螬，蛴螬以豆末为食，可以使豆末有效分解，同时蛴螬可以供鸡食用且营养均衡，使其快速成长，并促进鸡的觅食。分解后的豆末可以供桃园果树吸收营养，而且桃园养鸡中鸡粪作为果树有机肥料，解决了粪便污染，减少了化肥用量，充分利用了土地资源以及改变了日常豆末垃圾不能利用的缺点，变废为宝，实现了立体循环的经济。

第三节　桃园生态养殖番鸭技术

番鸭是一种似鹅非鹅，似鸭非鸭的鸭科家禽，体重比鸭大比鹅小，鸭蛋的营养丰富。番鸭的养殖早期主要集中在南方，随着改革开放，推向全国，尤其是近几年来，我国优质番鸭得到了长足的发展，生产总量逐年提升。桃园生态养殖番鸭的模式(图 5-6)，可实现番鸭和桃树的双丰收；更重要的是，饲养过程中可以减少甚至无须投放药品。

一、幼鸭饲养

幼年的番鸭安置于大棚内采用饲料喂养，大棚内设有平面的网，番鸭位于网上，网上铺有一层筛绢，网下为倾斜面；网有上下三层，三层网的网孔从上往下依次翻倍增大，最上一层网的网孔为 7 mm；幼年的番鸭生活在网上，粪便从网孔落到网下的倾斜地

图 5-6　桃园养鸭模式

面上，粪便积累后用水冲倾斜地面将粪便冲入化粪池，冬季桃树翻地时将化粪池内粪便抽到地里给桃树供肥；在番鸭喂养于棚内时，需每天或每 2 d 采用经过消毒的水冲洗网。

为了提高番鸭的抵抗力，在幼年番鸭喂养于棚内时，定期在幼年番鸭的饮水中加入维生素 A、维生素 D_3、B 族维生素，投入量分别为 1 g/L、1.5 g/L、2 g/L。

二、成年番鸭的饲养管理

番鸭成长 50 d 时，将番鸭喂养于周边有水沟的桃林中，桃林中番鸭的量为 100 只/亩；番鸭放养到桃林中，番鸭为桃树吃虫、草，粪便在平时翻地时翻入土中为桃树施肥。桃林中的桃树行距 5 m，株距 4 m，并且树龄为 3 年以上的矮株，矮株通过在冬季落叶后剪主枝的方法形成。

为了便于冬季番鸭在桃林有食物，桃林中在冬季种燕麦草、苜蓿草、黑麦草、早熟禾或紫羊茅。

三、饲料搭配

所用饲料包括如下重量份的物质：菜叶 8 份、豆类 9 份、菜籽粕 3 份、棉籽粕 3 份、石灰 2 份、蚯蚓 20 份、葡萄糖 4 份；饲料的制备方式为：将豆类、蚯蚓、菜叶剁成碎末后与菜籽粕、棉籽粕、石灰混合一起挤压成直径为 5 mm 的颗粒，将颗粒晒至半干后将半干的颗粒放入葡萄糖中滚动搅拌。葡萄糖保证幼年番鸭成长必需的能量。

四、番鸭轮养

番鸭在桃林中轮养，轮养间隔时间为 3 个月。一批番鸭养完后换地养另一批，在桃林轮养的养殖间隙，蓄地 3 个月，对桃林进行松地和消毒处理。消毒可用 3%石灰水喷洒。

五、效益分析

桃园养殖番鸭由于晒太阳多，嘴巴呈红色，肉味鲜美，收购价 18 元/kg，平均每只番鸭利润 20 元，而市场上在棚舍内饲养的收购价 12 元/kg，平均每只利润 10 元。桃树不用施化肥，每株在一般年份收获 15 kg 左右。

第四节　桃园套种竹荪技术

竹荪又名竹笙、竹参，是鬼笔科竹荪属中著名的食用菌。竹荪营养丰富、味道鲜美。据测定，干竹荪中含粗蛋白 19.4%、粗脂肪 2.6%，可溶性无氮倾倒物总量 60.4%，其中菌糖 4.2%、粗纤维 8.4%、灰分 9.3%。光是依靠野生的竹荪远远不能满足需要，所以人们一直在研究人工种植竹荪的方法和技术。

以桃园作为竹荪栽培场地，并利用有机废弃物为主要原料，实现固体废弃物的资源化利用，一举两得。该方法原料成本低廉，可以大大降低竹荪生产成本，且操作方便，用工少，可以提高竹荪栽培经济效益20%～30%。

一、套种季节

江南地区选择5月。

二、套种场地

套种场地为桃园。

三、培养料配方

培养料配方是有机废弃物84%，棉籽壳10%，麸皮5%，石灰粉1%，培养料含水量70%，pH 7.5。

有机废弃物包括醋渣、木薯渣、菌渣及芦苇末、农作物秸秆、树枝条、落叶、野草。

四、菇床设置与处理

在桃园中开挖深30 cm，宽100 cm，长10 m的菇床，并用石灰粉消毒处理。

五、竹荪培养

将有机废弃物用水浸泡沥干后，铺在菇床上，长的秸秆、枝条铺在底层，短料铺撒在缝隙中，采用3层料4层菌种，最后拍平，盖上薄膜、草帘或者遮阳网养菌。在播种后20 d，菌丝长满料面时进行覆土，土厚3 cm。覆土后1周，菌丝长满土层后进行第二次覆土，土厚2 cm。用于覆土的土壤为富含腐殖质并呈团粒结构的酸性土，粒度0.5～1 cm，事先用杀虫杀菌剂处理一次，以减少病虫害污染。

六、竹荪的采收与加工

当竹荪子实体破蕾长出，菌裙达到最大张开度时，就要立即进行采收。采收时，用刀从菌托底部切断菌索将子实体采下。采下的子实体，应用清水洗净孢子液和泥土等杂物，然后把菌盖和菌托剥离，放置阳光下晒干或用电热、炭火烘干，温度控制在 40～60℃。烘干后取出放置 20 min，变软后用聚乙烯塑料袋包装。

第五节　桃园套种黑木耳技术

黑木耳色泽黑褐，质地柔软，味道鲜美，营养丰富，可素可荤。黑木耳寄生于阴湿、腐朽的树干上，生长于栎、杨、榕、槐等 120 多种阔叶树的腐木上，单生或群生。人工培植以椴木和袋料为培养基，潮湿地带生长比较多。桃树的枝叶浓密，桃园内空气湿度大，光照强度低，含氧丰富，正符合黑木耳的生长，而黑木耳的生长所释放的大量二氧化碳，又能提高桃树的光合作用，因此，桃园非常适宜套种黑木耳。

一、果园选择及建棚

选择遮阴好的桃园建拱形棚，棚高 2.0～2.2 m，拱形棚外侧距离地面 1 m 的地方设置 60 目的防虫网，拱形棚上部覆膜，覆膜的下部与防虫网结合，在防虫网上盖上遮光率为 90%的遮阳网。

二、培养基配制

培养基组成为玉米芯 20%～25%，桑枝 25%～32%，棉籽壳 40%～45%，麸皮 4%～5%，石灰 2%～3%，石膏 1%～2%和防腐剂 0.2%～0.3%。将玉米芯和桑枝粉碎淋湿铺在棉籽壳上放置 1 d，将石灰和石膏撒在玉米芯和桑枝上充分混合堆积即可。

三、培养基装袋灭菌和接种

堆积3～4 d后,加上防腐剂和麸皮充分搅拌即可装袋(采用聚乙烯塑料袋),每袋装1.9～2.1 kg。装好的培养基袋扎紧均匀排列在铁框内,立刻进行灭菌处理(常压、60～70℃温度下3 h)。将菌包在温度30℃以下时接种到培养基上,一个菌包对应一个菇包,每个菇包用菌种810 g。

四、发菌和出菇管理

菇包接种后45～60 d开始发菌出菇。将菇包移入拱形棚内进行出菇,移入前进行杀虫除草。发菌期棚内的湿度控制在50%～70%即可,温度控制在20～25℃。菇包均匀摆放,行距20～24 cm。在菇包上割开3～4个长度为10 cm,深度为1.2 cm的竖裂口,5～7 d后木耳陆续现蕾,以后逐渐加大喷水量,保证木耳的正常生长。菇包出菇时拱形棚内撒上一层石灰粉。

第六节　幼龄桃园套种西瓜技术

利用幼龄桃园的空闲土地套种西瓜(图5-7)(西瓜与果树2∶1),可缓解1～4年的幼龄果园无经济收入的现状,亩产西瓜达1 000～2 000 kg,增加收入3 500元以上。

一、整地

选择土壤疏松、肥力中等以上、通透性好的幼龄果园,在冬季进行深耕,同时每亩施入农家肥2 500～3 000 kg,播种时加施磷肥15～20 kg,45%复合肥20～25 kg,硼砂2 kg,锌肥1 kg。

图 5-7 幼龄桃园套种西瓜

二、选种

选择适合嘉兴本地气候的 8424 品种。

三、种子处理

(一) 浸种

浸种前先将种子晒 1 d,将晒过的种子用不烫手的温水(大约 30℃)浸种 6～8 h,然后捞出用毛巾或粗布将种子包好搓去种子皮上的黏膜,后用甲基托布津 1 000 倍液再浸 4 h,种皮软化即可取出用清水冲洗干净以备催芽。

(二) 催芽

将浸好的种子平放在湿毛巾上,种子上面再盖上一层湿毛巾,放置于 30～35℃环境下催芽,72 h 基本出齐,发芽率为 85%～90%，露白即可播种。

四、播种

(一) 催芽直播

在瓜垄上近施基肥处开深 8～10 cm 的浅沟或穴，株距 45～50 cm，行距 150～200 cm，每穴播入催芽种子 1～2 粒，覆土 2～3 cm，催芽直播者经 2～3 d 即可出苗。

(二) 育苗移栽

苗龄 30～35 d，瓜苗 3 叶 1 心开始移栽，亩栽 300～450 棵，移栽后浇定根水。

五、田间管理

(一) 整枝压蔓

选留若干生长相对一致，开花时间和坐果位置相近的子蔓。蔓长到 30～40 cm 时可以压第一次，此后每长 30～40 cm 则再次压蔓。压蔓时注意将蔓拉捋顺直避免叶片相互遮挡，尽量不要压入叶片。

(二) 疏瓜选果

小果型西瓜不论是主蔓还是侧蔓，以第 2 雌花留果为宜(第 10～15 节)，一般以每株留 2～3 个果为宜，坐果多时应适当疏果。

六、肥水管理

若表现水肥不足，应于膨瓜前适当补充水分，在头茬瓜大部分采收后二茬瓜开始膨大时进行追肥。追肥时氮、磷、钾配合施用，以钾肥为主，也可以结合浇水追施腐熟有机肥，一般每亩施三元复合肥 40 kg。西瓜生长期间，可结合喷药进行叶面追肥，药液中加入 0.2%～0.3%的尿素或磷酸二氢钾，每 10 d 左右喷洒 1 次。

七、采收上市

当果实附近几节卷须枯萎、果柄茸毛消失、蒂部向里凹、果面条纹散开、皮光滑发亮、果粉退去时，用手指弹瓜，成熟发浊音，反之声音清脆的为生瓜，即可采收上市。

第六章

池塘立体养殖模式与实用技术

第一节 河蟹和水蛭套养技术

水蛭作为一种传统的名贵中药材，由于市场的大量需求，导致野生水蛭捕捞过度，野生资源濒于枯竭，致使水蛭价格一路飙升。因此，越来越多的水产养殖户开始从事水蛭养殖。目前，养殖方式主要以池塘单养，稻田、藕池混养为主。近年来，也出现了网箱养殖水蛭，但是，池塘单养，稻田、藕池混养模式下，水蛭回捕率较低，产量不高。而目前出现的网箱养殖水蛭，如果投入种苗数量太大，养殖风险相应增加，如果种苗投放太少，亩均效益又受影响。

开展河蟹池塘网箱套养水蛭，可以通过适当降低水蛭种苗密度，大大降低水蛭网箱养殖的风险；同时，也可以充分利用河蟹池塘水体空间，大大提高河蟹养殖的亩均效益。因此，河蟹和水蛭套养是一种高效益、低风险的新立体高效养殖模式。

一、池塘选择与改造

(一)池塘选择

池塘选择在靠近河沟、水源充足且进排水方便、池塘底部平坦的场所,土壤质地为壤质,池塘保水性能好。

(二)池塘水源、水质

要求水质清新,水量充足,周围无污染源,弱碱性(pH 7～8.5)。

(三)池塘设置

池塘为长方形,东西向,面积 2 亩,池深 1.5 m,坡比 1∶3。

(四)池塘设备

每个池塘均配有微孔增氧设备。在池塘四周的塘埂上设置防逃墙,防逃墙采用钙塑板制作,向池塘方向倾斜,高度为 60 cm。

防逃墙设有支撑桩,支撑桩在防逃墙上均匀设置,间距为 100 cm,防逃墙的拐角处设置成圆角,这样河蟹不易脱逃。

(五) 池塘进排水系统

池塘进排水系统包括进水管路和排水管路。其中,进水管路的进水口设有过滤系统;过滤系统包括设置在进水口周围的用于阻挡杂物和过滤虫卵的围网,进水口所用围网是 60 目的绢网。进水管路和排水管路独立设置。

二、放养前准备

(一) 清塘消毒

12 月底排干池水,对池塘进行清淤、翻耕、晒塘、消毒;消毒采用生石灰和水的反应溶液,溶液深 20 cm,生石灰的用量为 100 kg/亩。

（二）池塘肥水

清塘消毒 5 d 后，将水排干，重新加入深 30 cm 左右的池水，用有机肥进行肥水，有机肥的用量为 150 kg/亩左右。

（三）栽种水草

肥水 10 d 之后在池塘中种植水草，形成与池塘长度方向平行的水草种植带，水草种植面积占池塘养殖面积的 15%；条形水草种植带宽 200 cm，条形水草种植带间距 500 cm，水草种植带长成后水草覆盖率为 60%。水草选用伊乐藻，伊乐藻中间搭配种植轮叶黑藻和枯草。

每亩用 20 kg 左右伊乐藻种株，将伊乐藻种株切成 18 cm 的小段，每 3 段为一束，扦插入泥中 3 cm，泥上留 15 cm，株距 50 cm，行距 50 cm；轮叶黑藻采取芽孢播种的方法，每亩用 0.5 kg 左右；枯草采用播种法，每亩用 0.3 kg 左右，草种加水浸泡 3～5 d。轮叶黑藻与枯草晴天按 2∶1 的比例用黏土拌匀后，均匀撒播在伊乐藻中间。

（四）水蛭网箱

网箱规格及池塘占比：网箱基本形状为长方体，长为 3 m，宽为 2 m，高为 1.6 m。网箱总面积占池塘面积的 10%。

网箱固定：池塘中设有用于固定网箱的支撑杆，支撑杆可以是竹竿等固定物。将网箱底部固定绳系在距离池底 30 cm 的竹竿上，网箱向上拉直，将顶部固定绳固定在竹竿上部。支撑杆将网箱支撑为网箱底部周边高于网箱底部中心的内凹形状。

在饲养过程中，螺蛳等饲养物自动聚集于网箱底部中心内凹区域，方便在养殖结束后对杂物的清理。

网箱内水草投放：在网箱中投放浮水植物和沉水植物。浮水植物的面积占网箱面积的 20%。沉水植物苦草和/或马来眼子菜种在花盆内，然后放到网箱内。花盆能够有效地将沉水植物的根系限定在花盆中，而不会将根系穿过网箱进入池塘地面，从而造成在养殖结束后，收起网箱时沉水植物的根系造成巨大的障碍，简化了起网操作。

(五)螺蛳投放

池塘螺蛳投放：3月中旬左右每亩投放螺蛳250 kg左右。7～8月份根据蟹池螺蛳存塘量再补投一次螺蛳，每亩投放螺蛳150 kg左右。

网箱螺蛳投放：3月初开始向网箱投放螺蛳。

三、苗种选择与投放

(一) 蟹苗投放

3月中旬，选择幼蟹的规格为：100只/kg，体质健壮，爬行敏捷，规格整齐，附肢齐全，指节无损伤，放养密度1 000只/亩左右。

(二) 水蛭投放

在3月底至4月初每平方米网箱内投放规格整齐、体质健壮、无病无伤、肢体完整的3～4 g水蛭苗种，水蛭密度为5条/m^2。放入时间应选择晴天的清晨或傍晚。

(三) 苗种消毒

苗种放养前经5%食盐水浸洗5 min后放养，消毒后让苗种慢慢地自动散开游走，剔除伤残苗种。

四、饲料选用与投喂

(一)饲料选用

河蟹选用膨化颗粒饲料。其中，用于投喂幼蟹的颗粒饲料粗蛋白≥39%，用于饲养商品河蟹的颗粒饲料粗蛋白≥34%。水蛭投喂螺蛳和猪血块。

(二)饲料投喂

投喂时间及投饵量：河蟹每日投喂 2 次，上午 8～9 时，投喂量占日投饵量的 30%；下午 5～6 时，投喂量占日投饵量的 70%。饲养前期 2 个月的日投饵量为池内蟹体重的 1%～3%，饲养中期和后期 2 个月的日投饵量为池内蟹体重的 5%。实际投饲量应结合天气、水质、水温、摄食及蜕壳情况灵活掌握，适当增减，一般每次投喂量以 2 h 内吃完为宜。水蛭网箱内每 2 周投放一次螺蛳，每次每平方米投放 0.5 kg。新螺蛳投放前先用抄网将死亡的螺蛳壳捞出，网箱的底部中心内凹，方便螺蛳壳的捞出。

投喂方法：做到定位、定时、定质、定量，将饲料均匀地投放在池塘内网片和池塘四周浅滩处。

五、水质管理

(一) 水质要求

养殖水质必须清澈无污染，无异色、异味和异臭，pH 维持在 8.0 左右，溶氧≥6 mg/L，透明度 30～50 cm。

(二)水质调节

勤注新水：前期 10～15 d 注水 1 次，生长旺盛期、高温季节 1～2 d 注水 1 次，5～7 d 换水 1 次。3～5 月份水深控制在 60～80 cm，6～8 月份控制在 120～150 cm，9～10 月份稳定在 100 cm 左右。高温季节适时加注新水，避免水温长期处于 30℃以上。

调节水体：pH 控制在 7.5～8.5，pH 过低可用生石灰泼洒，施用 EM 调水，调活水质，每米水深用量 500 mL/亩，15 d 施用 1 次。

(三)巡塘检查

早晚巡塘，观察河蟹、水蛭活动及摄食情况，池水变化，水草和河蟹、水蛭防逃设施情况。

六、病害防治

7～9 月份高温季节每 20 d 每亩施用 1 次复合碘制剂(0.1 mg/L)等;5 月下旬和 9 月上旬,每亩用 0.2 kg 硫酸锌,化水全池泼洒一次,杀灭虾蟹纤毛虫病,并定期在饲料中掺拌大蒜素、维生素 C、免疫多糖预防疾病。

七、捕捞收获

11 月中旬采取干塘捕捞河蟹,水蛭拉网捕捞。

第二节　青鱼、鲫鱼池塘套养技术

我国的水产养殖业取得了长足的进步,养殖品种日益多样化,一些名特优新的珍贵鱼类逐渐形成了一定的养殖规模,其产业化结构日趋完善,但是在养殖过程中出现养殖规划、放养密度、饵料投喂、药物施用上的不科学,影响着水产养殖业的健康稳定发展,无法满足当前水产养殖业高效、节水、环保、质量安全的要求。青鱼主要分布于我国长江以南的平原地区,长江以北较稀少;它是长江中、下游和沿江湖泊里的重要渔业资源和各湖泊、池塘中的主要养殖对象,为我国淡水养殖的"四大家鱼"之一。青鱼营养丰富,除含有丰富的蛋白质、脂肪外,还含丰富的硒、碘等微量元素。由于青鱼的营养价值高,市场上总是会出现供不应求的现象,因此青鱼的人工养殖目前正在兴起,但是青鱼养殖技术还比较传统,养殖的存活率低、抗逆性差,导致养殖效益低下。为了解决现有技术的不足,提供了一种青鱼、鲫鱼池塘套养技术。

一、建塘清淤

养殖场地应选择在避风向阳的活水池塘，水质良好且无工业污染。池塘要求保水性能好，泥沙底质，池底平坦，池形规整，面积10～15亩。池塘设有专门的进水渠和排水渠，进水口有过滤网，排水口有防逃网。池塘配备增氧机、水泵等设施。在鱼种放养前15 d清除淤泥，每亩用生石灰100 kg化浆全池泼洒，做到不留死角、死面，彻底杀灭致病细菌。消毒5～7 d后，每亩施微生物制剂30～50 mL净化水质，等待鱼种下塘。

二、品种搭配

养殖方式上采用青鱼、鲫鱼套养，以提高单一品种的抗逆和抗病性能。选择的苗种要求体质健壮、规格整齐、鳍鳞完整、无病无伤、游动活泼、溯水能力强。青鱼选用100～150 g/尾的规格，每亩放养230～250尾，鲫鱼选用200～300 g/尾的规格，每亩放养120～160尾。

三、苗种投放

苗种投放前先用20 mg/L高锰酸钾浸泡鱼种10～20 min消毒，防止感染水霉病。投放选择在晴天中午进行，操作过程中可减少鱼体损伤，提高成活率。投放的水质pH为7.5～8.5，池水透明度保持在40 cm以上。

四、饲养管理

饲料以膨化饲料为主、青饲料为辅。青饲料投喂珊瑚藻、萝卜叶、蒲公英叶、海苔、小青菜等。膨化饲料是由以下原料制备成的全价饲料：葡萄籽粕74 kg、蝗虫粉32 kg、玉米蛋白粉32 kg、苦瓜籽粉23 kg、橄榄叶25 kg、番茄粉7 kg、乳化脂肪3 kg、川芎

3 kg、续断 2 kg、萝卜酱 2 kg、地肤粉 5 kg，制备方法是按配方混合各原料并在 100～110℃加热熟化 40～50 min，再进行膨化制粒。在苗种刚入池阶段，日投饲 3～4 次，每次当大多数鱼种离开食场时停止投喂，以吃七八成饱为好。4～6 月份每日投喂 3 次，7～10 月份每日 4 次。5 月下旬开始，每天投喂青饲料一次。饲养过程中应注意根据鱼种的生长状况，及时调整颗粒饲料的粒径，确保鱼摄食适口。饵料的日投喂量一般为存塘鱼体重的 4%～10%，投喂时要根据天气、水温、鱼的活动情况以及吃食情况适当调整，定时、定位、定质投喂。

五、水质管理

在整个饲养期内，要求水质清新、溶氧丰富，水质具体指标如下：水温尽可能保持在 20～32℃，溶解氧一般要达到 5 mg/L 以上，pH 保持在 7.0～8.5，水体透明度保持为 40 cm 左右。苗种放养后，每天开动增氧机 2～3 h，以保证溶氧充足。每 10 d 注入新水一次，每次注入 20～30 cm。每半月按每亩每米水深用 20 kg 生石灰泼洒杀菌。每月使用光合细菌或 EM 菌等微生物制剂两次，以改良池塘水质和底质，使水体微生态呈良性循环。

六、疾病防治

肠炎病外用浓度为 0.5 g/m^3 的二氧化氯全池泼洒，内服诺氟沙星粉，每 400 kg 饲料加 10%诺氟沙星粉 500 g，连服 3～5 d；烂鳃病外用浓度为 0.5 g/m^3 的聚维酮碘，内服氟苯尼考粉，每 40 kg 饲料加 10%氟苯尼考粉 100 g，连服 5 d。

七、适时捕捞

10 月份以后，青鱼规格达到 1 kg 以上，鲫鱼规格达到 0.5 kg 以上，可酌量捕捞上市。

第三节　田螺、草鱼和泥鳅套养技术

水产品大多采用单一养殖方法进行养殖，但是单一养殖方法不仅浪费水层空间，而且养殖过程中产生的鱼类排泄物、剩余饵料等在水体中积累，会导致水体溶解氧下降，污染水质，引起水体富营养化和鱼类的病害发生，严重影响养殖的经济效益和生态效益。而混养可充分利用水体的空间，但对于不合理的混养，则易引起种间相残，如蟹类的混养，常常导致同类相残，甚至对混养的鱼虾造成损伤。在养殖过程中，人们长期使用各种化学制剂。这些化学试剂容易使水体污染，作用于鱼类会改变鱼体内的酸碱度、渗透压，干扰鱼类的正常生长，鱼体上还会有化学残留，从而不利于人的食用。尤其有些不法商贩为了刺激鱼类的快速生长，给鱼类喂食含有能刺激机体成长的避孕药，人类食用后会对身体产生严重的危害。

田螺、草鱼和泥鳅套养的方法能充分利用池塘的水层，套养的田螺、草鱼和泥鳅相互促进成长，提高了经济效益，且所用的饲料绿色安全，可以有效防治田螺体内存在的寄生菌和寄生虫、草鱼的四病（出血病、赤皮病、烂鳃病和肠炎病）与泥鳅的各种虫病和赤皮病等。

一、池塘清理

向每亩池塘中撒 40 kg 的生石灰进行消毒，15 d 后，向每亩池塘撒 70 kg 的干净草木灰进行二次消毒。

二、放养种苗

在二次消毒 10 d 后，向每亩池塘放养 40 g/尾的健康草鱼种 550 尾和 120 kg 的健康田螺种，泥鳅种放养 500～700 尾；且在放养前，用消毒水溶液浸泡田螺种 10 min，让草鱼种和泥鳅种在消毒水溶液中游 8 min。

三、定时饲喂

定时向池塘中投喂套养饲料，每天 3 次，每次套养饲料的投放量为鱼苗总重量的 3%；当温度高于 25℃时，每次套养饲料的投放量为鱼苗总重量的 4%。套养饲料以青饲料为主，搭配蛋白质饲料和饲料添加剂，精粗合理搭配，既满足草鱼的食草习性，又保证营养的充足性，还添加了可以防治疾病的饲料添加剂，具有杀菌消毒、提高抗应激能力的作用，提高了饲料的使用价值和利用率。

在饲料添加剂中，以黄芩、黄柏、木瓜籽、南瓜籽和大蒜为主，复合维生素、复合蛋白锌、酵素和食盐为辅，黄芩、黄柏、大蒜、复合维生素、复合蛋白锌和食盐搭配可以协同起到清热解毒、增强体质、提高免疫力的作用，木瓜籽和南瓜籽搭配可以有效攻击田螺、草鱼和泥鳅体内蠕虫的神经系统，有助于杀灭寄生虫，减轻蠕虫造成的发炎症状，而酵素的使用可以调节田螺、草鱼和泥鳅的肠胃，分解田螺、草鱼和泥鳅体内的各种毒素，增加饲料的利用率，降低成本，减少由于饲料残留造成的水质污染，从而可以使生产出来的田螺、草鱼和泥鳅更加健康绿色。

四、水质管理

保持水流通畅，维持池塘内水深 1.5 m；调节池塘水温在 22℃，每隔 5 d 向每亩池塘中撒 30 kg 的干净草木灰进行定期消毒。

五、捕捞

当田螺养殖至平均重量为 15 g，即可打捞；草鱼养殖至平均重量为 2 kg 时即可打捞；泥鳅养殖至长度为 15 cm 时，即可打捞。

捕捞要选在天气晴朗、鱼不浮头、水温低于24℃的日子，且捕捞前2 d停止饲喂。

第四节　卡拉白鱼套养泥鳅技术

卡拉白鱼是欧洲和中亚地区名贵的小型珍稀经济鱼类，2001年首次引入我国，具有体型健美、无肌间刺、肉质细腻、味道鲜美、营养丰富、起捕率高、抗逆及适应性强、食性广等特点。泥鳅为中高档水产品，肉质细嫩，味道鲜美，营养丰富，富含蛋白质、脂肪、碳水化合物和钙、磷、铁等矿物元素以及大量的维生素，是深受国内外消费者喜爱的传统美味，市场需求量大。

卡拉白鱼是上层鱼类，泥鳅是底层鱼类，在卡拉白鱼池塘中套养泥鳅的养殖方式，不仅不影响卡拉白鱼养殖产量、规格和品质，而且充分开发利用水体空间，增加池塘养殖品种，改善水体环境。与单一养殖卡拉白鱼相比，产量提高30%以上，效益提高20%以上，增加了养殖者的经济收入。

一、池塘选取、清整、消毒

选取水源充足、进排水方便、周围无污染源、保水性能良好、养殖设施齐全、面积为3.5亩的池塘，并配置增氧机，排水口用防逃网罩上。冬季排干池水，人工清理池底淤泥，充分曝晒后平整塘底，加高加固塘基，修补池坡、池埂，维修水渠、水道、投饵架，清除池塘四周杂物，杀灭草籽和虫卵。放养前20 d，每亩用200 kg生石灰带水消毒，水深15 cm，然后均匀翻耙底泥，消毒后14 d往池塘里加水至1.4 m深。

二、鱼种放养

3月下旬，选择体质健壮、活力较强、无病无伤的2龄卡拉白鱼，亩放 4 517 尾，规格每尾 42.5 g，放养前用 5%的食盐水溶液浸浴 10 min。4 月中旬，亩放体长 7 cm 泥鳅苗 11 052 尾，泥鳅苗放养前用 5%的食盐水溶液浸浴 10 min。

三、饲料投喂

投喂蛋白质含量达 32%以上的泥鳅专用配合颗粒饲料，每日投喂 2 次，日投饵量占鱼体重的 3%～5%，7～8 月份高温季节日投饵量占鱼体重的 8%～10%，以 1 h 吃完为原则。卡拉白鱼主要摄食普通鲤鱼苗种颗粒饲料。

四、水质管理

保持水质肥活嫩爽，每隔 3 d 检查水体中氨氮、亚硝酸盐等常规指标，保持透明度 25～30 cm、溶解氧 5 mg/L 以上。夏季高温天气每隔 7 d 换一次水，每次换水量为水位 15～20 cm。高温季节晴天中午开增氧机 3 h，阴天时次日清晨开增氧机 2 h，连绵阴雨天时半夜开增氧机 6 h。

五、病害防治

春、秋季节，交替使用二溴海因、二氧化氯、漂白粉进行消毒，每隔 30 d 施用一次。夏季高温季节施用 EM 菌、光合细菌全池泼洒，每隔 15 d 施用一次。

六、捕捞

11 月初起用地笼起捕泥鳅，11 月底拉网捕获卡拉白鱼，12 月 2 日干池捕捞。

卡拉白鱼套养泥鳅的产量及效益见表 6-1。

表 6-1　池塘养殖产量及效益情况统计表

收获情况					效益情况		
品种	规格/g	总产量/kg	单产/kg	产量提高/%	总效益/元	亩效益/元	效益提高/%
卡拉白鱼	75.6	1 130.1	322.9	37.3	26 303.2	7 515.2	29.8
泥鳅	12.1	421.7	120.4				

第五节　大鳞鲃鱼套养泥鳅技术

大鳞鲃鱼为温水性大型鱼类，是中亚地区贵重的经济鱼类。幼鱼食底栖和无脊椎动物，成鱼杂食性。于 2003 年首次引入我国，具有生长快、肉质好、味鲜美、适应性强等优良特性。泥鳅为中高档水产品，肉质细嫩，味道鲜美，营养丰富，富含蛋白质、脂肪、碳水化合物和钙、磷、铁等矿物元素以及大量的维生素，是深受国内外消费者喜爱的传统美味，市场需求量大。

采用在大鳞鲃鱼池塘中套养泥鳅的养殖模式，不仅不影响大鳞鲃鱼养殖产量、规格和品质，而且充分开发利用水体空间，增加池塘养殖品种，有效避免了单一养殖大鳞鲃鱼所带来的市场风险，而且经济效益高；泥鳅可以摄食大鳞鲃鱼剩余的饲料，防止水质恶化，改善水体环境，对推进大鳞鲃鱼产业化发展有着重要意义。

一、池塘准备

选取水源充足、进排水方便、面积为 2.6 亩的长方形池塘，并配置 1.5 kW 微孔增氧机 1 台，进排水口用网布罩上，池塘内四周设置网片，网片下端埋至池泥深 20 cm 处，网片上端高出水面 30 cm。放养前 15 d，每亩用 120 kg 生石灰带水消毒，消毒 15 d

后池塘加水至 1.2 m 深。

二、鱼种放养

3 月中旬，放养规格为 80 g/尾的大鳞鲃鱼种 4 700 尾，同时，放养规格为 0.25 kg/尾的白鲢 50 尾、规格为 0.25 kg/尾的花鲢 30 尾，大鳞鲃鱼种、白鲢、花鲢鱼种放养前均用 3%食盐水溶液浸浴 6 min。4 月下旬，放养体长 3 cm 泥鳅苗 28 000 尾，泥鳅苗放养前用 3%食盐水溶液浸浴 6 min。

三、饲料投喂

大鳞鲃鱼为杂食性鱼类，喜食泥鳅饲料；泥鳅投喂蛋白质含量达 32%的泥鳅专用配合颗粒饲料，每日投喂两次，日投饵量占鱼体重的 3%，7～8 月份高温季节日投饵量占鱼体重的 6%，以 1 h 吃完为原则。同时泥鳅专用颗粒饲料可以基本满足大鳞鲃鱼的营养需求，这样更加有利于大鳞鲃鱼套养泥鳅。

四、水质管理

保持池塘水 pH 7.5～8.5、透明度 20～25 cm、溶解氧 4 mg/L 以上。夏季高温天气每隔 10 d 换水一次，每次换水量为水位 15～20 cm。水温超过 25℃时，每 10 d 泼洒一次芽孢杆菌，每月用生石灰改良水质一次。高温季节晴天中午开增氧机 3 h，阴天时次日清晨开 2 h，连绵阴雨天时半夜开增氧机 5 h。

五、病害防治

①彻底清塘消毒；②鱼种放养时用食盐等药物浸浴消毒；③放养体质健壮、无病害苗种；④投喂新鲜、优质饲料；⑤加强水质管理，夏季高温天气每 10 d 换水一次；⑥夏季高温时每 15～20 d 使用光合细菌、EM 菌改善水质。

六、捕捞

10 月 1 日开始用地笼起捕泥鳅，12 月 5 日拉网捕获大鳞鲃鱼，12 月 10 日干池核产。

第六节　蟹池套养罗氏沼虾技术

目前蟹池套养也是水产养殖领域的一种趋势，现在有些地方开始尝试蟹池套养某些虾、鱼，但是虾的成活率很低，未成活的虾会腐烂在蟹池中，这样不仅降低了螃蟹原有的经济效益，而且还会对蟹池的水质带来危害。罗氏沼虾的抗病能力较强，主要吃河蟹的残剩饵料以及天然植物饵料，不需饲喂专门的虾饲料。这样既可以防止虾腐烂对水质造成的污染，还可以可起到净化水质的作用。

一、清池

饲养前，首先清池，用生石灰消毒蟹池，并施足基肥。

二、种植沉水植物

沉水植物的面积为蟹池面积的 2/3；沉水植物为菹草。

三、投苗

在每年的 2 月 10 日至 20 日投放蟹苗 1 200 只/亩；同年的 5 月中下旬投放罗氏沼虾苗 500 尾/亩。具有净化水质的效果，从而能保持蟹池水体不受污染。

四、喂食

投放蟹苗后的 1 个月内，蟹苗的饵料为由小鱼、粉碎的螺蛳以及蟹用复合预混料混合制成的饵料,投喂时间为每天两次,分别为7时、19时;每次的投喂量为蟹体重的4%。

投放虾苗的1个月内,每天投喂虾饵料四次,分别为6时、10时、18时、22时;第一次和第四次的投喂量为虾体重的3%,第二次和第三次的投喂量为虾体重的2%。

投放蟹苗1个月后,每天投喂蟹饵料(采用人工配合饲料)三次,分别为7时、13时、20时;每次的投喂量为蟹体重的8%。

投放虾苗1个月后,每天投喂虾饵料四次,分别为6时、10时、18时、22时;第一次和第四次的投喂量为虾体重的5%~6%,第二次和第三次的投喂量为虾体重的4%。

虾饵料包括如下重量份数的组分:鱼粉15份,菜籽饼40份,乌贼粉8份,玉米粉12份,骨粉3份,虾用复合预混料0.5份,氯化胆碱0.6份,紫苏提取物0.3份,金银花提取物0.1份,虾用矿物质0.5份。

五、捕捞

蟹在10月1日至年底均可捕捞,罗氏沼虾在9~10月份捕捞。

采用本套养方法和其中所用的虾饲料,按亩产100 kg蟹计算,同时能产出22.5 kg罗氏沼虾,罗氏沼虾按照76元/kg计算,亩产能增加1 710元的经济效益。

第七节 蟹池套养南美白对虾技术

目前在养殖螃蟹时,都是单一的养殖,由于螃蟹的习性不利于和别的物种进行套养,虽然现在有些地方开始尝试蟹池套养某些虾、鱼,但是虾的成活率很低,未成活的虾会腐烂在蟹池中,这样不仅降低了螃蟹原有的经济效益,而且还会对蟹池的水质带来危害。采用蟹池套养南美白对虾的方法,对水体污染小,能提高蟹池的经济效益。白对虾的饵料中添加了陈皮粉，能够改变饲料的口味，提高适口性；添加了紫苏提取物，能促进其他组分的吸收，减少白对虾的死亡。

一、投苗种

每年2月10日至20日投放蟹种，每亩800只；在当年的6月1日前后4～5 d投放南美白对虾种，每亩400尾。

二、饲养技术

在整个套养过程中，蟹采用常规方法养殖。当投入南美白对虾种之后的1～10 d：蟹的饵料投放次数和时间不变，增加投喂南美白对虾饲料的次数，每天投喂虾饲料两次，投喂时间分别为10时、19时；投放南美白对虾种之后的11～30 d：每天投喂虾饲料三次，投喂时间分别为8时、14时、19时；投放南美白对虾种之后的31 d至捕捞前：每天投喂虾饲料四次，投喂时间分别为6时、10时、18时、22时。

虾饲料的投饵量要求是：在虾体重达到10 g以前，投饵量占虾体重的5%；虾体重10～15 g时，投饵量占虾体重的4%；虾体重大于20 g时，投饵量占虾体重的2%。虾饲料包括如下重量份数的组分：鱼粉10份，豆饼30份，玉米秸秆颗粒18份，次粉8份，陈皮粉2份，虾用复合预混料0.2份，紫苏提取物0.1份。

三、捕捞

蟹在10月1日至年底均可捕捞；南美白对虾在9～10月份捕捞。

采用本套养方法和其中所用的虾饲料，按亩产100 kg蟹计算，同时能产出20 kg白对虾，白对虾按照50元/kg计算，亩产能增加1 000元的经济效益。

第八节 鱼虾配套养殖技术

目前养虾成功率低,有时虾的死亡率达到百分之八九十,很多养殖户绝收,虾病多,死亡率高已经成为养虾风险巨大的问题,所以虾价较高。当水质污染严重时也很难养殖成功,所以大多数养殖户很难赚到钱,有价无虾。同时,大量用药使得虾的品质也很差,影响产品安全,而且用药多了又进一步污染水体,导致恶性循环。而鱼塘养殖由于租金高和饲料大幅度涨价,但鱼价没怎么涨价,所以养殖效益也很低下。

鱼虾配套养殖方法解决了现有技术中养虾成功率低,鱼的养殖效益低等问题。在 30 亩鱼塘边搭建 8 个水泥养虾池,鱼塘用于养殖花鲢鱼和饵料鲮鱼,水泥养虾池用于养殖虾类。对水泥养虾池进行底部排污,均衡增氧,水质净化处理、人工调节,用大棚防雨、防冻,将虾的粪便排入鱼塘。用小颗粒的浮水饲料投喂花鲢鱼,在鱼塘内投入中华培水汪(一种饵料)。水泥养虾池的深度为 1.3 m,面积为 600 m^2。每个水泥养虾池配一台 2.2 kW 的微孔增氧机,在池底均匀铺设纳米曝气管,让整个水体能够均衡增氧,在池底周围留 45 cm 不装增氧管,用于给虾投喂饲料。在池底最低处设三个排污口与地下的排污管连通,排污管伸到鱼塘里,定期将虾的粪便排到鱼塘里。在水泥养虾池外面建一个水质净化池,通过砂石过滤和净水机过滤,最后在水中加入盐,用于调节水体的盐度。在每个水泥养虾池里安装水质监测系统,随时监测水中的溶氧、pH、盐度、温度。每年放 3 批虾苗,每次每亩水泥养虾池投放虾苗 9 万尾。每年放 3 批花鲢鱼,放 3 批鲮鱼,每次每亩鱼塘投放花鲢鱼 500 尾,每次每亩投放饵料鲮鱼 700 万尾。每亩鱼塘创造的利润为 2.1 万元,每平方米水泥养虾池创造的利润为 35 元。

第九节　花鲢鱼、白鲢鱼、虾套养技术

现有的大水面养殖花鲢鱼和白鲢鱼的产量低，产值低，效益不高。大水面养殖花白鲢主要是投放一些低质化肥和畜禽粪便，对水质污染较大。还有一些大水面投全价配合饲料，由于捕捞困难和管理困难，养殖成本也很高，所以投入大，风险高，收入少。由于对水质环境的要求越来越高，高污染的养殖模式已不可持续发展。

花鲢鱼、白鲢鱼、虾的套养方法解决了现有技术中鱼虾养殖对环境的污染大、鱼虾产量低、经济效益差、鱼虾品质低的问题。在水体中混合养殖花鲢鱼、白鲢鱼、虾，在养殖前期用水体营养素培养大量的浮游生物做饵料，养殖过程中定期或者不定期地在水体中投入水体营养素。这样养殖成本低，但是产值高，利润高，病害少，养殖风险小。

在 80 亩的鱼塘中混合养殖花鲢鱼、白鲢鱼、虾。在养殖前期用中华培水汪培养大量的浮游生物做饵料，养殖过程中每 3～8 d 在水体中投入水体营养素。每亩投放 200 尾花鲢鱼，50 尾白鲢鱼，4 000 尾罗氏沼虾，南美白对虾 25 000 尾。水体的透明度控制在 30 cm。用小颗粒的膨化饲料投喂花鲢鱼和白鲢鱼。在养殖阶段的中后期定期投入一些虾料用于加快罗氏沼虾和南美白对虾的生长速度。

养殖花鲢鱼的成本为 5 元/kg，白鲢鱼的成本为 2.2 元/kg 左右，罗氏沼虾的成本为 9.6 元/kg，南美白对虾的成本为 5 元/kg。每亩的利润为 8 000 元。

第七章

其他立体种养模式与实用技术

第一节　南湖菱塘套养甲鱼技术

南湖菱，又名青菱、馄饨菱、元宝菱，是浙江省嘉兴市传统的水生作物，已有上千年的栽培历史。因其形圆无角而著名，是嘉兴的传统特产。因其皮薄肉嫩、汁多甜脆、清香可口，而胜于其他品种。南湖菱不仅可生食、熟食，还兼具药用功能。另外，南湖菱在嘉兴还具有独特的文化传承意义。

其他立体种养模式与实用技术彩图

近年来，随着市场对南湖菱需求的加大，做大做强南湖菱产业的呼声也越来越高。传统上，南湖菱种植以内塘种植和外荡浅水处围栏种植为主，但此种单种方式种植效益较低，很大程度上影响了南湖菱的种植面积。因此，近些年来开始探索将南湖菱种植与养殖结合起来，如菱塘养殖甲鱼（图 7-1），立体开发，经济生态效益显著。

图 7-1　菱塘养殖甲鱼

（来源：中国网络电视台）

一、菱塘的选择及改建

菱塘应选择在靠近水源，水质好、无污染，排灌方便，保水力和保肥性能强，汛期不被淹没，连片面积较大的田块。单个菱塘面积 4～8 亩，菱塘深度 1 m。挖沟起埂，踏平踩实，并用彩钢板或水泥板对菱塘进行围隔，以防止甲鱼外逃及敌害生物进入塘内，围隔高度 50 cm。另外每个池塘设置 2～3 个 80～150 cm 大小的食台供甲鱼取食。冬季排干塘水，清除杂草以及杂物，冻晒底泥。3 月中旬用 1%石灰水泼洒田埂以及田埂四周进行田间消毒。

二、播种

播种前，视菱塘肥力情况施草塘泥等有机肥。在 3 月下旬至 4 月上旬天气转暖时播种。播种时应选择具有南湖菱品种特征和特性，果实大，充实饱满，果形端正，无病虫且已充分成熟的南湖菱种菱，每亩用种量 3～5 kg，播种要均匀。播种时，将塘面一分为二，选择其中一半塘面进行播种，待菱盘开展后，在塘内用竹竿扎菱栅，控制南湖菱覆盖面积 40%～60%。这样，一来可以为甲鱼提供隐蔽、休息的地方，另外，没有南湖菱生长的另一半池塘可以作为甲鱼活动的场所。在菱塘中养殖出来的甲鱼品质更好。在甲鱼养殖密度、规格、放养时间以及南湖菱覆盖面积适宜条件下，甲鱼活动可以提升水体的流动性，从而促进菱的生长，同时其排泄物也可为菱的生长提供较为充足的养分，促进南湖菱营养物质的积累，所种植出来的南湖菱品质也比单种好，安全性也能得到保证，效益可观。定植后宜保持 10～30 cm 的水位，出苗后逐渐加深，中后期保持水层在 80～100 cm。南湖菱出苗后，还应及早间苗，确保平衡生长。

三、甲鱼放养

5 月底至 6 月上旬放养甲鱼。选择外形正常，裙边肥厚，活泼健壮，无病无伤的甲鱼苗种。甲鱼规格、密度不能太大，否则会影响南湖菱的正常生长。每亩放养 275 g 的甲鱼 200 只。苗种放养前用 3%食盐水浸洗 10 min，或用 50 mg/L 高锰酸钾药浴 2～3 min。甲鱼苗种最好以全母或者全公为主，这样可以防止甲鱼养殖过程中出现互相撕咬等，从而提高甲鱼成活率以及品相。甲鱼投放后主要投喂动物性饵料。

四、日常管理

甲鱼养殖期间应注意勤注、换新水，特别是夏季。坚持科学投饲是甲鱼取得高产、低耗、生态、增效的关键环节，主要根据天气、水温和生长情况灵活掌握，确保无饲料浪费，提高饵料利用率。坚持“四定”（定时、定质、定量、定位）投喂原则，讲究科学投饵，及时观察饵料残留情况，尽量让饵料吃尽，减少残饵对水质的污染，保持水质的稳定。

做好甲鱼病害防治。甲鱼发病是外因和内因共同作用的结果，必须坚持“防重于治，防治结合”的原则，从改善环境和提高机体免疫力入手采取多种措施预防病害发生。对投喂的螺蚬、鲜杂鱼等饵料应进行严格消毒，防止病从口入，养殖过程中尽量减少用药量，保证甲鱼品质。对养殖过程中发现的病死水产品及时清除并进行集中无害化处理。

据农业部门 2012 年的实验调查统计，南湖菱套养甲鱼后平均效益达 7 500 元/亩，而单种南湖菱平均效益仅为 1 652 元/亩，效益显著增加。

第二节　茭白田套养泥鳅技术

泥鳅是鲤形目、鳅科、泥鳅属鱼类，属小型经济鱼类。泥鳅肉质细嫩、清淡鲜美，而且具有滋补药用价值，所以历来为人们喜食。在韩国、日本销路甚广。泥鳅养殖中，许多养殖户会发现夏季的高温对于泥鳅的生长极为不利，温度过高，泥鳅的摄食量减小，甚至死亡。茭白为禾本科多年生水生宿根植物，株高 1.6～2 m，味道鲜美，同时又能降低血压。但是水中的小型寄生虫和细菌严重影响了茭白的产值。由于泥鳅喜好水中的细菌及寄生虫作为食物，茭白可以提供较好的阴凉栖息地，因此如果茭白田中养殖泥鳅(图 7-2)便可以获得泥鳅、茭白的双增产。

一、田块选择

选择水源充足、水质良好、无污染的田块，面积 1.5 亩，底质为沙壤土。

二、田块建设

(一)建设鱼沟

鱼沟开挖成“田”字形或“井”字形，沟宽 40 cm，深 50 cm。

图 7-2 茭白田套养泥鳅(来源:新华网)

(二)建设鱼溜

鱼溜设在田块的四角或对角,宽 1.5 m,深 55 cm。鱼溜与鱼沟相通。鱼沟、鱼溜的面积占田块总面积的 4.5%。

(三)建设田埂

田埂高出田板 60 cm,保证茭白田蓄水时水深达到 35 cm,鱼沟水深0.75 m,田埂顶宽 30 cm,田埂内坡覆盖地膜。

(四)进、排水口设置

进、排水口呈对角设置,进水经注水管伸入田块进行悬空注水,水管出水处绑定长 50 cm 的 40 目筛绢过滤袋,排水口安装密网眼铁丝网制成的高 50 cm、宽 60 cm 的长方形栅栏,栅栏上端高出田埂 10 cm,其余三边各嵌入田埂 10 cm。在靠排水口一边的田埂上开设溢水口,溢水口安装拦鳅栅。

三、茭白移植

茭白 4 年轮作一次,在 4 月份茭白旧茬分蘖期进行移植,行、株距为 0.5 m×0.5 m,水位保持在 10~15 cm。

四、消毒施肥

鳅苗放养前 9 d，每亩用生石灰 17 kg 或漂白粉 2 kg，兑水搅拌后均匀泼洒田中。在茭白田灌水前，每亩施经发酵过的有机粪肥 600 kg，其中 200～300 kg 均匀地施于鱼沟内，其余的施在田块上并深翻入土。

五、放养亲鳅或放养鳅苗

（一）放养亲鳅

选择体形好、个体大、无病无伤的成鳅作为亲鳅，于茭白移植成活后放养，一般每亩放养量 135 kg，雌雄比例为 1.5∶1。

（二）放养鳅苗

鳅苗规格在 3 cm 以上。放养前用 4％的食盐水浸洗鳅体 15 min。在追施的有机肥全部沉淀后放养，密度为每亩 9 000 尾，放养前用 25 尾进行实验。

六、饲养管理

（一）施肥

每隔 1 周在鱼沟、鱼溜中追施经发酵的畜粪、禽粪，或者施用氮、磷、钾等化肥。田水透明度控制在 17 cm。

（二）投饲

当水温在 24℃时，动、植物性饲料应各占 50％，水温 26℃时动物性饲料应占 70％；日投喂两次，上午 9 时和下午 17 时各一次；日投喂量为泥鳅体重的 30％～50％。

（三）水质调节

茭白移植和苗种放养初期，水位保持在 13 cm，1 个月后加高水位至 18～22 cm，夏季高温季节要适当提高水位至 27 cm。鱼沟、鱼溜中每隔一周泼洒生石灰进行消毒。

(四)防逃防害

要坚持每天巡田，仔细检查田埂是否有漏洞，拦鳅栅是否有堵塞、松动，发现问题及时处理。发现蛙卵、水蜈蚣、水蛇等应及时清除。发现水鼠，可用毒鼠药诱杀。

(五) 慎用农药

采用高效低毒农药，田块水位要加高 10 cm。施药时喷雾器的喷嘴应横向朝上，药剂喷在茭叶上。粉剂在早晨有露水时喷施，液剂在露水干后喷施。

第三节　茭白田套养小龙虾技术

茭白套养小龙虾(图 7-3)可充分利用水体，提高茭白田综合经济效益。

图 7-3　茭白田套养小龙虾

一、茭白田的选择

选择土壤肥沃、淤泥层厚、富含有机质的中性土壤田块作为茭白田。

二、挖沟与防逃

在茭白田四周开挖养殖沟，进行清沟消毒。每亩沟用 70～80 kg 生石灰消毒，消毒时沟底留水 10 cm 深，排干消毒水后，换上新鲜水，放苗。进水口设在田埂上，出水口设在环沟底部，并用 30 目不锈钢网片封口，茭白田四周用 50 cm 高的塑膜预防小龙虾逃跑。

三、施肥

每年 2～3 月份种植茭白之前施底肥，可用腐熟的猪、牛粪和绿肥 500～800 kg/亩，饼肥 100～200 kg/亩，复合肥 30 kg/亩，翻入土层内，耙平耙细，肥泥整合，即可移栽茭白苗。

四、放养小龙虾

小龙虾苗放养前用盐水进行消毒，放养于养殖沟内。茭白田中的水草作为小龙虾的主要摄食饵料，不仅能够补充大量维生素，还可以为幼虾、蜕壳虾提供隐蔽、栖息场所。

五、起捕

小龙虾生长速度较快，经过 1～2 个月的人工饲养，且成虾规格达到 30 g 以上即可捕捞上市。捕获以夜间昏暗时为好。对达到上市规格的小龙虾要及时捕获，以降低茭白田内虾的密度，有利于小龙虾的快速生长。

参考文献

[1] 孙孝龙,宋大烨,童朝亮,等.谈桑园散养草鸡生态模式[J].蚕桑茶叶通讯,2007(6):22-23.

[2] 胡洪法,黄世荣,吴月芳,等.桑园养鸡技术要点[J].蚕桑通报,2010,2(41):64-66.

[3] 胡丽春,叶武光,杜贤明,等.在叶用桑园中套种竹荪关键技术[J].蚕桑茶叶通讯,2016(3):15-17.

[4] 彭晓虹.桑园套种蔬菜的技术与管理[J].蚕桑茶叶通讯,2009(1):15-16.

[5] 刘金柱,李桂荣.桑枝黑木耳的栽培技术[J].北京农业实用技术,2007(3):24-25.

[6] 刘在汉.桑园套种生姜[J].现代种业,2003(3):33.

[7] 欧阳卫民,熊红兵,赵远林.桑园套种大球盖菇栽培技术[J].食用菌,2016(4):46-47.

[8] 唐卫军,无公害稻田养鱼技术[J].中国水产,2007(9):27-29.

[9] 陈礼强,稻田养鱼增效技术[J].科学养鱼,2005(9):18-19.

[10] 何基保.稻田养鸭技术示范推广及思考[J].中国家禽,2007,29(16):43-45.

[11] 权太焕.绿色水稻生产的新技术——稻田养鸭技术[J].吉林农业,2015(20):70.

[12] 周晴.珠江三角洲地区的传统稻田养鸭技术研究[J].中国农业大学学报(社会科学版),2015,32(6):78-86.

[13] 彭广霞.稻田高密度养殖泥鳅技术要点[J].水产养殖,2009(12):36-37.

[14] 陈平辉，李小明，周希量. 稻田套养泥鳅养殖技术试验[J]. 江西水产科技，2012(3)：35-36.
[15] 肖召旺，稻田无公害养殖黄鳝技术[J]. 水产养殖，2010(6)：18-19.
[16] 左健忠，邹勇，沈文武. 黄鳝稻田养殖技术[J]. 水产养殖，2009(9)：15-16.
[17] 赵青青. 稻田养蟹立体种养技术[J]. 现代农业，2015(4)：18-19.
[18] 胡潜林，徐巧凤，袁德明. 稻田套养美国青蛙生态稻作模式初探[J]. 浙江农业科学，2013(5)：602-603.
[19] 张国民. 池塘网箱生态套养黄鳝、泥鳅技术[J]. 渔业致富指南，2011(14)：46-47.
[20] 陈成强. 稻田养殖河蟹技术[J]. 中国水产，2006(11)：38-39.
[21] 梁丽梅. 葡萄园套种草莓栽培技术要点[J]. 广西园艺，2008，19(5)：51.
[22] 施惠国. 大棚葡萄园套作草莓栽培技术初探[J]. 上海农业科技，2011(6)：72.
[23] 鲍兴安. 棚室葡萄套种番茄高效栽培[J]. 吉林蔬菜，2013(10)：30-31.
[24] 薛彦棠. 温室葡萄套种番茄栽培技术[J]. 中国农村科技，2004(12)：22-23.
[25] 雷春华，陈友平. 葡萄园套种蔬菜高效生产模式与技术[J]. 福建农业科技，2008(2)：52-54.
[26] 李以训. 福安市葡萄园蔬菜间套种调查[J]. 中国蔬菜，2010(3)：45-46.
[27] 陈爱山，葛建忠，曹晓婕. 葡萄园生态养鸡技术[J]. 技术与市场，2009(5)：114.

[28] 张琳,扈军. 葡萄园生态养鸡技术[J]. 中国禽业导刊,2006(18z):30.

[29] 贾明,陆建忠,黄启黎,等. 葡萄园冬闲空地种植食用菌试验初报[J]. 食用菌,2008(5):45-46.

[30] 朱徐燕,任国华,周波,等. 莲藕-甲鱼套养的关键技术[J]. 浙江农业科学,2017,58(3):482-483.

[31] 兰作友,柏韦军. 莲藕田套养泥鳅的高效技术[J]. 养殖与饲料,2011(5):16-17.

[32] 周步海,耿荣庆,王兰萍,等. 牧草-鹅-鲜食葡萄循环生态种养模式的构建与实践[J]. 家畜生态学报,2013,12(34):73-75.

[33] 倪龙凤,陈建明. 藕田套养黑鱼(鳖、鳅)模式探索与应用[J]. 浙江农业科学,2016,57(10):1699-1701.

[34] 江银楼. 藕田套养龙虾技术[J]. 现代农业科技,2008(18):266-267.

[35] 徐承旭. 藕田套养龙虾效益好[J]. 山东科技报,2012(3):1.

[36] 马相才. 藕田套养美国青蛙技术[J]. 四川农业科技,2006(8):29.

[37] 王甫珍,喻梅,张茜. 藕田套养泥鳅生态种养技术[J]. 科学养鱼,2017(1):45-46.

[38] 郭程亮. 藕田养殖河蟹技术[J]. 渔业致富指南,2015(14):34-35.

[39] 曹天,孔德明. 葡萄园里养鹅采摘养殖双获利秘诀[J]. 中国畜牧兽医报,2015,9(12):1.

[40] 张琳,扈军. 葡萄园生态养鸡技术[J]. 中国禽业导刊,2006,23(18):30.

[41] 郗正林,姚远,高福新. 葡萄园套养草鸡技术集成与应用[J].

当代畜牧,2011(10):3-4.
[42] 养智青,丁海荣,徐文华,等.设施葡萄园养鸡关键技术研究[J].安徽农学通报,2011,17(17):161-163.
[43] 霍金宝.温室葡萄草莓立体栽培技术[J].中国农技推广,2009(2):30-31.
[44] 齐廷文.温室葡萄草莓立体栽培技术[J].吉林蔬菜,2009(3):34.